信息安全水平
初级教程

温哲 张晓菲 谢斌华 冷清桂 康楠◎主编

清华大学出版社
北 京

内 容 简 介

在信息系统安全保障工作中，人是最核心、最活跃的因素，人员的信息安全意识、知识与技能已经成为保障信息系统安全稳定运行的基本要素之一。本书总结了十多年的信息安全职业培训经验，结合各行业对工作人员信息安全意识、知识和技能的要求，从信息安全基础知识、网络安全基础技术、网络与网络安全设备、计算机终端安全、互联网应用与隐私保护、网络攻击与防护6个方面对信息安全相关知识进行介绍，基本覆盖了日常工作中需要了解的信息安全知识，帮助读者在日常工作中形成良好的信息安全意识，避免由于缺乏对信息安全的了解而产生的安全问题。

图书在版编目（CIP）数据

信息安全水平初级教程/温哲等主编. —北京：清华大学出版社，2021.8
ISBN 978-7-302-58750-7

Ⅰ.①信… Ⅱ.①温… Ⅲ.①信息安全—教材 Ⅳ.①TP309

中国版本图书馆 CIP 数据核字（2021）第 143086 号

责任编辑： 贾小红
封面设计： 刘　超
版式设计： 文森时代
责任校对： 马军令
责任印制： 杨　艳

出版发行： 清华大学出版社
　　　　　　网　　　址：http://www.tup.com.cn，http://www.wqbook.com
　　　　　　地　　　址：北京清华大学学研大厦 A 座　　　　邮　　编：100084
　　　　　　社 总 机：010-62770175　　　　　　　　　　邮　　购：010-62786544
　　　　　　投稿与读者服务：010-62776969，c-service@tup.tsinghua.edu.cn
　　　　　　质量反馈：010-62772015，zhiliang@tup.tsinghua.edu.cn
印 刷 者： 北京富博印刷有限公司
装 订 者： 北京市密云县京文制本装订厂
经　　销： 全国新华书店
开　　本： 185mm×260mm　　　**印　　张：** 11.25　　　**字　　数：** 279 千字
版　　次： 2021 年 8 月第 1 版　　　　　　　　**印　　次：** 2021 年 8 月第 1 次印刷
定　　价： 59.80 元

产品编号：093815-01

前　言

　　网络空间概念的诞生，使得互联网自由、开放的概念被颠覆，网络空间成为继陆地、海洋、天空、太空之后的"第五空间"。互联网与现实世界的紧密结合，业务对信息系统的高度依赖，使得网络空间安全问题影响着每一个人、每一个企业。没有了信息系统，人们的生活会受到极大的影响，交通、电力等各种基础设施会因此停止运转或极大降低效率，移动互联网、电子支付等都无法提供服务……这些都可能对现实社会造成致命的伤害。2021 年 5月，美国最大的燃油管道运营商科洛尼尔管道运输公司疑似受到勒索软件攻击影响，被迫暂停输送业务，对美国东海岸燃油供应造成了严重影响，导致美国政府宣布国家进入紧急状态。这个真实的案例说明，网络空间安全问题已经与每个人息息相关，任何人都无法置身其外。

　　网络空间安全保障中依靠的核心要素是人，习近平总书记在 2016 年 4 月 19 日召开的网络安全和信息化工作座谈会中明确提出："网络空间的竞争，归根结底是人才竞争。""网络安全是共同的而不是孤立的。网络安全为人民，网络安全靠人民，维护网络安全是全社会共同责任，需要政府、企业、社会组织、广大网民共同参与，共筑网络安全防线。"人员的信息安全意识缺乏是很多信息安全问题发生的根源，只有提高人员的信息安全意识，才能真正提高信息安全保障水平。我们每一个人既是网络空间的用户，也是维护网络空间安全的参与者，只有每一个人都掌握了一定的网络安全知识和技能，具备良好的信息安全意识，才能真正构筑起网络空间安全的钢铁长城。

　　《中华人民共和国网络安全法》第十九条规定："各级人民政府及其有关部门应当组织开展经常性的网络安全宣传教育，并指导、督促有关单位做好网络安全宣传教育工作。"自该法实施以来，国家在信息安全人才培养方面加大了投入，培养各类信息安全专业人才，并且每年举办网络安全周等主题活动，进行信息安全意识宣贯。

　　为了落实习总书记讲话的指示精神和《中华人民共和国网络安全法》的相关要求，网安世纪科技有限公司在十多年信息安全职业教育经验基础上，按照国家信息安全水平考试（NISP）一级考试大纲要求，组织国内著名信息安全专家和讲师编写了本书，作为 NISP（一级）培训教材。本书包括信息安全基础知识、网络安全基础技术、网络与网络安全设备、计算机终端安全、互联网应用与隐私保护、网络攻击与防护 6 个章节，基本覆盖了作为网络空间安全一员在日常信息系统使用中所需要掌握的知识，帮助读者在日常工作中形成良好的信息安全意识，避免由于缺乏对信息安全的了解而产生的安全问题。

　　本书在编写的过程中得到了许多专家、讲师的支持，特此感谢。感谢网安世纪科技有限公司沈传宁、李迪、陈鹏翔、辛靖、冷芬寿、马雨萌等讲师为本书的编写及审定而付出的努力。

　　由于水平有限，书中难免存在疏漏或不妥之处，恳请广大读者批评指正。

目　录

第1章

信息安全基础知识

阅读提示

　　本章介绍了信息安全的基础知识，包括信息安全和网络空间安全的基本概念、信息安全发展阶段、我国网络安全法律法规体系、网络空间安全政策与标准及信息安全管理等相关知识。

1.1　信息安全与网络空间安全

1.1.1　信息与信息安全

1. 信息与信息安全概述

　　随着信息技术的发展，互联网已经融入人们生活的方方面面，信息安全受到高度重视。在谈信息安全之前，要先了解一下什么是信息。信息有非常多的定义和说法，归结起来可以认为信息就是数据或事件。信息是无形的，它需要一个展现方式或者存储方式，例如写在纸张上，存储在计算机里，存储在磁带等介质中，或者记忆在人的大脑里。人类社会传播的一切内容都是信息。

　　对于信息，首先需要建立这样一个观点——信息都是有价值的。

　　在现实生活中，可能经常遇到这样的情况，在路边有推销人员说只需要简单填写资料（如手机号码）或者扫码关注某个公众号即可免费赠送小礼品。这个小礼品其实并不是真正免费的，它是用个人的信息交换来的，而且个人的信息其实比小礼品更有价值。对于个人来说，最有价值的信息通常是个人隐私，而对于组织机构来说，最重要的资产就是组织存储媒体中的信息资产。"9·11"事件的发生使得金融机构聚集在世贸大厦里的大量数据化为乌有，很多公司因信息资产的丢失而倒闭。因为对一些需要基于信息进行运营的公司来说，这些信息就是企业的命脉，例如保险公司的客户资料、商场的进货/出货单、电话销售公司的客户清单等。由此可见，对很多企业而言，信息资产才是企业最有价值的资产。

既然信息都是有价值的，那么就一定要对信息进行保护。谈到对信息的保护，就需要了解信息安全的概念。国际标准化组织（ISO）对信息安全的定义为："为数据处理系统建立和采取的技术及管理的安全保护。保护计算机硬件、软件、数据不因偶然的或恶意的原因而受到破坏、更改、泄露。"根据这个定义，可以理解为信息安全针对的是存储在数据系统里的信息，要采取技术或者管理的方式对其进行保护，使其不会受到破坏、更改和泄露。

2. 信息安全问题

信息安全问题随着信息技术的发展而不断蔓延发展，业务对于信息化的依赖性催生信息安全问题的复杂化，也使得信息安全问题日益严峻。信息安全问题可以划分为狭义和广义两层概念。对于狭义的信息安全而言，它建立在以 IT 技术为基础的安全范畴上，是信息安全应用技术，有时也被称为计算机安全或网络安全。计算机不仅仅指家用的计算机终端，而是指具有处理器和一些存储器的任何设备，这样的设备可以从简单的无须联网的独立设备（如计算器）到诸如智能手机、平板电脑等联网移动设备等。由于数据的性质和价值，很多大型的组织机构都配备有信息安全专家，他们负责保护组织机构内的所有信息系统免受恶意攻击者的网络攻击威胁，这些攻击通常试图突破系统，以获得组织机构中的关键、敏感信息，或获得内部系统的控制权。

广义的信息安全是跨学科领域的安全问题。安全的根本目的是保证组织机构业务可持续性运行，保证利益相关者生命、财产安全的延续。构成业务可持续性问题的不仅仅是信息技术，还包括与业务相关联的生产、财务、人力资源、行政以及供应链等一系列的安全问题。信息安全应该建立在信息系统整个生命周期中所关联的人、事、物的基础上，综合考虑人、技术、管理和过程控制，使得信息安全不是一个局部而是一个整体。

3. 信息安全问题的根源

造成信息安全问题的因素很多，如技术故障、网络攻击、病毒、漏洞等因素都可以造成信息系统安全问题。从根源来说，信息安全问题可以归纳于内因和外因两个方面。

内因方面主要是信息系统的复杂性导致漏洞的存在不可避免，换句话说，漏洞是一种客观存在。这些复杂性包括过程复杂性、结构复杂性和应用复杂性等。

外因主要包括环境因素和人为因素。从自然环境的角度看，雷击、地震、火灾、洪水等自然灾害和极端天气都容易引发信息安全问题；从人为因素来看，员工的误操作及外部攻击（如黑客、犯罪团伙、恐怖分子、竞争对手甚至网络战部队等）都是信息安全问题的外因。根据掌握的资源和具备的能力来看，对信息系统的攻击性由低到高分别是个人威胁、组织层面威胁（如犯罪团伙、黑客团体、竞争对手等）和国家层面威胁（如网络战部队）。

1.1.2 信息安全属性

通常情况下，保密性、完整性和可用性（Confidentiality, Integrity and Availability，简称 CIA）被称为信息安全的基本属性，如图 1-1 所示。此外，还可以涉及其他属性，例如真实性、可问责性、不可否认性和可靠性。

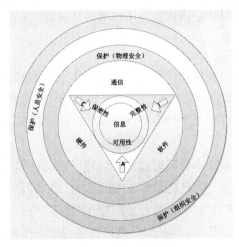

图 1-1　信息安全属性

CIA 三元组定义了信息安全的基本属性，信息安全首要保护的就是信息的这三个基本属性。当然，也需要关注其他几个次要的安全属性。

1. 保密性

保密性也称机密性，是指对信息资源开放范围的控制，确保信息不被非授权的个人、组织和计算机程序访问。信息的机密性是需要得到足够重视的。国家有国家机密、企业有商业秘密、个人有个人隐私，这是信息安全保护需要考虑的问题。在机密性保护中，涉及信息系统使用的问题，因为信息是存储在信息系统里的，如果对信息系统的使用和接触没有有效的控制，那么就无法保证系统里存储的信息的机密性。另外，还涉及信息安全保密性管理需要考虑的其他一系列问题，包括：

> 系统中的数据是不是都有标识？
> 什么信息是可以公开的？什么信息是需要保护的？保护到什么程度？
> 有没有标志来标记需要保护的信息？
> 信息系统中的数据是不是有权限去进行控制？
> 访问有没有记录？

2. 完整性

完整性是指保证信息系统中的数据处于完整的状态，确保信息没有遭受篡改和破坏。任何对系统中信息、数据的未授权的插入、篡改、伪造都是破坏信息系统完整性的行为，这些行为可能导致严重的服务中断或其他问题。对于完整性的保护，首先需要考虑的问题是什么样的数据是可能被攻击者篡改的。这就涉及保护对象，有一些数据是不用担心被篡改的，有一些数据是需要进行保护的。需要建立一个保护对象，明确哪些数据是受保护的，然后分析这些受保护的数据若被篡改会产生什么影响，是直接导致信息系统无法运转、组织机构声誉受到影响，还是只影响到个人。在这个基础上对数据进行安全管控，对数据的访问设置权限，明确哪些用户可以对数据进行什么类型的操作，并对操作的行为和后果进行记录，识别数据是否被篡改等。因此，信息安全中的完整性保护是确保数据不被篡改和破坏。

3. 可用性

可用性是确保得到授权的实体在任何需要的时候都能访问到需要的数据，即信息系统必须提供相应的服务。为了确保数据随时可用，信息系统必须正常地工作，不能拒绝服务。增强的可用性要求还包括时效性及避免因各种自然灾害（如火灾、洪水、雷击、地震等）和人为破坏导致的系统失效。

保护可用性首先要确保系统本身随时都能提供相应的功能和服务，因为承载着数据信息的系统如果不能提供应有的功能，用户是无法访问信息的。在实际应用中，可用性保护除了保证信息系统本身是可用的，还要考虑如果由于某种特殊的原因（这个原因可能是不可抗力，如地震、火灾等）导致系统无法使用该如何应对，是通过备份来确保数据不丢失，还是通过制定流程，使用手工替代保障业务持续。

4. 其他属性

在信息安全中，除了 CIA 三元组，还涉及其他属性，主要包括：

（1）真实性：实体是他所声称的属性，也可以理解为能对信息的来源进行判断，能对伪造来源的信息予以鉴别。

（2）可问责性：作为治理的一个方面，问责是承认和承担行动、产品、决策和政策的责任，包括在角色或就业岗位范围内的行政、治理和实施以及报告、解释并对所造成的后果负责。

（3）不可否认性：证明要求保护的事件或动作及其发起实体的行为。在法律上，不可否认意味着交易的一方不能拒绝已经接收的交易，另一方也不能拒绝已经发送的交易。

（4）可靠性：可靠性是指信息系统能够在规定条件下、规定时间内完成规定功能的特性。

1.1.3 信息安全发展阶段

1. 通信安全阶段

1837 年，美国人塞缪尔·莫尔斯发明了莫尔斯电码，可将信息转换成电脉冲传向目的地，之后再转换为原来的信息，从而实现了长途电报通信。1875 年，美国人贝尔发明了电话机，1878 年，在相距 300 千米的波士顿和纽约之间进行了首次长途电话实验，获得了成功。电报和电话机的诞生，使人类通信领域发生了根本性飞跃，开始了通信新时代。

1906 年，美国物理学家费森登成功地研究出无线电广播。1933 年，法国人克拉维尔建立了英法之间第一条商用无线电线路，推动了无线电技术的进一步发展。

第二次世界大战时期，军事和外交方面的巨大需求使得无线通信技术得到飞速发展，被广泛用来传递军事情报、作战指令、外交政策等各种关键信息。

21 世纪，通信技术突飞猛进，移动通信和数字通信成为通信技术的主流。现代世界中，通信技术成为支撑整个社会的命脉和根本，各行各业都将业务与通信技术相结合，如电子政务、电子金融、互联网产业、物联网、移动互联网等。

在通信阶段，信息安全面临的主要威胁是攻击者对通信内容的窃取，有线通信容易被搭线窃听，无线通信由于电磁波在空间传播易被监听。保密成为通信阶段的核心安全需求，这一阶段主要通过密码技术对通信的内容进行加密，保证数据的保密性和完整性，而破译成为攻击者对这种安全措施的反制。

2. 计算机安全阶段

计算机的发明极大地改变了信息处理方式和效率，从此信息技术进入计算机阶段。1946 年，美国为了解决弹道分析和氢弹研究所需要的大量计算问题，研制出电子数字积分计算机（ENIAC），这是世界上第一台通用计算机。

计算机的发展经历了电子计算机、晶体管计算机、集成电路计算机等几个阶段。20 世纪 70 年代后，随着个人计算机的普及，各行各业都迅速采用计算机处理各种业务。计算机在处理、存储信息数据等方面的应用越来越广泛。

1977 年，美国国家标准局公布了数据加密标准（DES），标志着信息安全由通信保密阶段进入计算机安全阶段。这个时期，计算机网络尚未大规模普及，相对于电话和电报，计算机对信息的处理和存储能力强大，但数据长距离、大容量的传输方式较单一，功能相对较弱（主要通过软盘等形式传输）。因此，计算机阶段的主要安全威胁来自于非授权用户对计算机资源的非法使用，以及对信息的修改和破坏。

20 世纪 80 年代，计算机安全的概念开始成熟。计算机安全的主要目的是采取措施和控制，以确保信息系统资产（包括硬件、软件、固件和通信、存储、处理的信息）的保密性、完整性和可用性。典型的措施是通过操作系统的访问控制手段来防止非授权用户的访问，主要标志是 1985 年美国国防部发布可信计算机系统评估准则（TCSEC），该标准将操作系统安全由低到高分为四类共七个级别（D、C1、C2、B1、B2、B3、A1），因为该标准发布时封面是橙色的，这个标准也被称为"橙皮书"。TCSEC 是世界上第一个有关信息技术安全评估的标准。随后，美国国防部又发布了可信数据库解释（TDI）、可信网络解释（TNI）等一系列相关的说明和指南，由于这些文档发行时封面均为不同的颜色，因此也被称为"彩虹系列"。

3. 信息系统安全阶段

计算机网络，尤其是互联网的出现是信息技术发展中的里程碑事件。计算机网络将通信技术和计算机技术结合起来。信息在计算机上产生、处理，并在网络中传输，信息技术由此进入了网络阶段。网络阶段利用通信技术将分布的计算机连接在一起，形成覆盖整个组织机构甚至整个世界的信息系统。信息系统安全是通信安全和计算机安全的综合，信息安全需求已经全面覆盖了信息资产的生成、处理、传输和存储等各阶段，确保信息系统的保密性、完整性和可用性。

信息系统安全也曾被称为网络安全,主要是保护信息在存储、处理和传输过程中免受非授权的访问,防止授权用户需要时被拒绝服务,同时检测、记录和对抗此类威胁。为了抵御这些威胁,人们开始使用防火墙、防病毒、PKI、VPN 等安全产品。此阶段的主要标志是发布了《信息技术安全性评估通用准则》,此准则即通常所说的通用准则(CC),后转变为国际标准(ISO/IEC 15408),我国等同采纳此国际标准为国家标准(GB/T 18336—2015)。

《中华人民共和国网络安全法》中对网络安全进行了定义,与本阶段中网络安全的概念并不完全等同。

---

4. 信息安全保障阶段

随着信息化的不断深入,信息系统成为组织机构工作不可或缺的一部分,信息安全威胁来源从个人上升到犯罪组织,甚至国家力量。在这个阶段,人们认识到信息安全保障不能仅仅依赖于技术措施,开始意识到管理的重要性和信息系统的动态发展性,信息安全保障的概念逐渐形成和成熟。

信息安全保障把信息系统安全从技术扩展到管理,从静态扩展到动态,将各种安全保障技术和安全保障管理措施进行综合并融合到信息化中,形成对信息、信息系统乃至业务以及使命的保障。

1996 年,美国国防部第 5-3600.1 号指令(DoDD 5-3600.1)第一次提出了信息安全保障(也称信息保障)的概念。1998 年,《克林顿政府对关键基础设施保护的政策》和《新世纪国家安全战略》两份文件均提出了对国家关键基础设施信息系统进行保护的构想。"9·11"事件之后,布什政府意识到信息安全的严峻性,发布了第 13231 号行政令《信息时代的关键基础设施保护》,并宣布成立总统关键基础设施保护委员会(PCIPB),代表政府全面负责国家的信息安全保障工作。

2008 年,美国发布《国家网络安全综合计划》(CNCI)。CNCI 计划建立三道防线:第一道防线,减少漏洞和隐患,预防入侵;第二道防线,全面应对各类威胁,增强反应能力,加强供应链安全,抵御各种威胁;第三道防线,强化未来安全环境,增强研究、开发和教育,投资先进技术。同时,CNCI 还明确了十二项任务,涉及可信互联网连接、网络入侵检测系统、网络入侵防护系统、科技研发、态势感知、网络反间、增强涉密网络的安全、加强网络安全教育、"超越未来"技术研发、网络威慑战略、全球供应链风险管理机制和公私协作。

我国信息安全保障工作从 2001 年国家信息化领导小组重组,网络与信息安全协调小组成立开始正式启动。2003 年 7 月,国家信息化领导小组根据国家信息化发展的客观需求和网络与信息安全工作的现实需要,制定出台了《关于加强信息安全保障工作的意见》(中办发〔2003〕27 号文件),该文件是我国信息安全保障工作的纲领性文件。

文件明确了加强信息安全保障工作的总体要求:坚持积极防御、综合防范的方针,全面提高信息安全防护能力,重点保障基础信息网络和重要信息系统安全,创建安全健康的网络环境,保障和促进信息化发展，保护公共利益，维护国家安全。

文件还提出了加强信息安全保障工作的主要原则：立足国情，以我为主，坚持管理与技术并重；正确处理安全与发展的关系，以安全保发展，在发展中求安全；统筹规划，突出重点，强化基础性工作；明确国家、企业、个人的责任和义务，充分发挥各方面的积极性，共同构筑国家信息安全保障体系。

围绕该文件，我国信息安全保障工作取得了明显成效，建设了一批信息安全基础设施，加强了互联网信息内容安全管理，为维护国家安全与社会稳定，保障和促进信息化建设健康发展发挥了重要作用。目前我国的信息安全保障工作正在稳健、扎实地步入高速发展的新阶段。

5. 网络空间安全阶段

随着互联网的不断发展，越来越多的设备被接入并融合，技术的融合让传统的虚拟世界与物理世界相互连接，构成了一个新的 IT 世界。互联网成为个人生活、组织机构甚至国家运行不可或缺的一部分，网络空间随之诞生，信息化发展进入网络空间阶段。网络空间作为新兴的第五空间，已经成为国家新的竞争领域，威胁来源从个人上升到犯罪组织，甚至是国家力量的层面。

"网络空间"（Cyberspace）一词是由加拿大作家威廉·吉布森在其短篇科幻小说 *Burning Chrome* 中创造出来的，原义指由计算机创建的虚拟信息空间，体现了 Cyberspace 不仅是信息的简单聚合体，也包含了信息对人类思想认知的影响。此后，随着信息技术的快速发展和互联网的广泛应用，Cyberspace 的概念不断丰富和演化。Cyberspace 在我国香港、台湾地区也被翻译为"赛博空间"，大陆的部分相关文档也采用"赛博空间"的用法，其含义等同于"网络空间"。

2008 年，美国第 54 号总统令对 Cyberspace 进行了定义：Cyberspace 是信息环境中的一个整体域，它由独立且互相依存的信息基础设施和网络组成，包括互联网、电信网、计算机系统、嵌入式处理器和控制器系统。除了美国，还有许多国家对 Cyberspace 进行了定义和解释，但与美国的说法大同小异。

2009 年 5 月 29 日，美国发布《网络空间政策评估：确保信息和通信系统的可靠性和韧性》报告，云计算、虚拟化、物联网、移动互联网、大数据、人工智能等新技术的出现，使得网络空间安全的问题变得无比复杂。

2010 年 5 月，奥巴马向国会递交了其上任之后的首个国家安全战略报告，即《国家安全战略报告（2010）》，此报告从国家安全的角度对网络空间的战略布局和网络信息安全提出了明确要求。

2011 年，美国先后颁布了《网络空间国际战略》和《网络空间行动战略》，这两份战略从外交和国防两个方面相互呼应。《网络空间国际战略》力图制定网络空间国际行为规范，从"树立自由的基础""尊重财产""保护隐私""防止犯罪""正当防卫"等方面提倡全世界共同来建设一个"开放、互动、安全、可靠"的未来网络空间。《网络空间行动战略》则将网络空间纳入美军的作战空间，对网络空间作战进行组织、训练和装备。

2016 年 12 月，我国发布了《国家网络空间安全战略》，明确了网络空间是国家主权的新疆域，已经成为与陆地、海洋、天空、太空同等重要的人类活动新领域，国家主权拓展延伸到网络空间，网络空间主权成为国家主权的重要组成部分。

1.1.4　网络空间安全

美国的《国家网络安全综合计划》将信息安全上升到国家安全高度的主张被全世界认可，网络战、关键基础设施保护在现代国防领域中凸显作用。近年来，工业控制系统（ICS）攻击使得网络攻击从虚拟世界走向了现实生活，而信息技术在军事、金融领域的广泛应用也使得相应的系统逐渐成为敌对国家和政治势力的攻击目标。

国家内部社会公共秩序的稳定是传统的国家信息安全保护的范畴，不管是"茉莉花革命"还是"颜色革命"，都显示网络空间对整个社会巨大的影响力和穿透性，立法保护与标准化的推进成为国家安全的重要组成部分。

> 茉莉花革命是指发生于 2010 年年末的北非突尼斯反政府示威导致政权倒台的事件，因茉莉花是其国花而得名。维基解密网站曝光的电文是这次革命的催化剂。
>
> 颜色革命是指 20 世纪末开始，发生在中亚、东欧独联体国家，以颜色命名，以和平和非暴力方式进行的一系列政权变更运动。

一些政府已经将网络战当作其整体军事战略的一个组成部分，并且在网络战争方面进行了大量的投入。例如，美国原则是以战略方式实现防止关键基础设施受到网络攻击，降低国家应对网络攻击时的脆弱性，最小化网络攻击的损害和恢复时间。网络战争是美国军事战略的一部分。2009 年，美国宣布数字基础设施成为"战略性国家资产"。2010 年 5 月，美国网络司令部在五角大楼成立，隶属美国战略司令部，由国家安全局局长领导，其目的是捍卫美国军事网络和攻击其他国家的系统。2017 年 8 月 18 日，美国宣布将网络司令部升级为美军第十个联合作战司令部，地位与美国中央司令部等主要作战司令部持平。这意味着，网络空间正式与海洋、陆地、天空和太空并列成为美军的第五战场，令人担忧的是网络空间军事化趋势正进一步加剧。

2014 年 2 月，我国成立"中央网络安全和信息化领导小组"，网络安全被提升至国家安全战略的新高度，开启了网络空间安全治理的全新阶段。习近平总书记关于网络安全的系列讲话，明确了网络空间安全治理的法制化方向，构建了"总体安全观"思想下的网络空间安全防护体系，为网络空间安全领域未来的工作指明了方向。我国网络空间安全保障工作全面推动，系列国家政策和标准相继推出。

2015 年，经专家论证，国务院学位委员会、教育部决定在"工学"门类下增设"网络空间安全"一级学科。

2016 年，我国发布《国家网络空间安全战略》，这是继《网络安全法》之后我国网络空间安全领域一个新的里程碑。《国家网络空间安全战略》首次明确地宣示我国对于网络空间安全的主张和立场，为未来一段时间网络空间安全工作提供了重要的指导，是指导我国未来网络安全工作的重要文件。

习近平总书记在讲话中也明确指出"没有网络安全就没有国家安全"。网络空间安全影响到每一个企业，每一个人，因为在信息化时代，业务对信息系统已经是高度依赖，大家可以想象一下，没有了信息系统，人们的生活会是怎么样的。不仅企业的很多业务都无法进行，对于每一个人来说，生活也会受到极大的影响。交通、电力等各种基础设施会停止运转或极大降低效率，人们现在每天都在使用的移动互联网、电子支付等都将停止服务。2019 年 4 月，委内瑞拉发生的全国范围内的大面积停电事件向人们揭示了这一残酷的事实，类似委内瑞拉全国大范围停电的事件也可能发生在我们的国家。网络空间安全问题已经与每个人息息相关，每个人都无法置身其外。

《国家网络空间安全战略》提出网络空间的发展是机遇也是挑战。信息革命的快速发展彻底改变了人们的生活和工作方式，同时也带来了网络渗透危害政治安全、网络攻击威胁经济安全、网络有害信息侵蚀文化安全、网络恐怖和违法犯罪破坏社会安全、网络空间竞争加剧等挑战，而挑战就是机遇。《国家网络空间安全战略》提出了建设网络强国的战略目标和网络空间四项基本原则，同时给出了网络空间的九项战略任务。这些原则和战略任务为我国未来的网络空间安全保障工作提供了战略性的指导。

《国家网络空间安全战略》指出，保护关键信息基础设施作为维护国家网络空间安全的基本要求和重要任务，要坚持技术和管理并重、保护和震慑并举，切实加强关键信息基础设施的安全防护。那么什么是关键信息基础设施呢？关键信息基础设施包括基础信息网络，能源、金融、交通、教育、科研、水利、工业制造、医疗卫生、社会保障、公用事业等领域和国家机关的重要信息系统，重要互联网应用系统等。关键信息基础设施是经济社会运行的大动脉，加强安全防护是网络安全工作的重中之重。

1.2　网络安全法律法规

网络空间作为继海、陆、空及太空之后的第五空间，其安全问题已经上升到国家安全的高度。网络攻击和防御能力已经从商业化发展到了军事化，通过网络空间获取巨大商业利益甚至影响政权变更已经在真实世界发生。立法作为网络空间安全治理的基础工作，是抑制黑色产业链必须采取的工作，也是网络安全产业发展和规范的支持，以及关键信息基础设施保障的依据。

经过十多年的发展，目前我国现行法律法规及规章中，与网络空间安全有关的已有近百部，它们涉及网络运行安全、信息系统安全、网络信息安全、网络安全产品、保密及密码管理、计算机病毒与恶意程序防治，以及通信、金融、能源、电子政务等特定领域的网络安全和各类网络安全犯罪制裁等多个领域，在文件形式上，有法律、有关法律问题的决定、司法解释及相关文件、行政法规、法规性文件、部门规章及相关文件、地方性法规与地方政府规章及相关文件多个层次，初步形成了我国信息安全的法律体系。随着《中华人民共和国网络安全法》（以下简称《网络安全法》）在 2017 年 6 月 1 日正式实施，我国网络安全法律法规体系一直以来基本法缺位的问题得到了彻底解决。我国初步构建了以《网络安全法》为基础的网络空间安全法律法规体系。

1.2.1 我国立法体系

1. 立法与职能

计算机犯罪的不断发展，使得国家需要通过有效的立法体系来控制和约束各种不良行为。目前，我国采用多级立法机制，如图 1-2 所示。《中华人民共和国宪法》（以下简称《宪法》）作为我国的根本大法确立了我国的基本法制体系，根据《宪法》第六十二条规定，"全国人民代表大会行使下列职权：（一）修改宪法；（二）监督宪法的实施；（三）制定和修改刑事、民事、国家机构的和其他的基本法律……"同时，也明确了《宪法》的解释与监督执行由全国人民代表大会负责。2017 年 6 月 1 日，由全国人民代表大会审议通过并发布了我国第一部信息安全基本法——《网络安全法》。

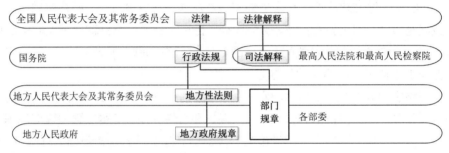

图 1-2　立法体系示意图

国务院根据《宪法》和相关法律，规定行政措施，制定行政法规，发布决定和命令。例如，为了保护计算机信息系统的安全，促进计算机的应用和发展，保障社会主义现代化建设的顺利进行，国务院于 1994 年 2 月 18 日发布了第 147 号令《中华人民共和国计算机信息系统安全保护条例》（以下简称《计算机信息系统安全保护条例》），并根据 2011 年 1 月 8 日《国务院关于废止和修改部分行政法规的决定》重新做出修订。条例定义了计算机信息系统及保护的范围、意义，明确了公安部主管全国计算机信息系统安全保护工作。国家安全部、国家保密局和国务院其他有关部门，在国务院规定的职责范围内做好计算机信息系统安全保护的有关工作，提出了安全保护制度及其公安机关的安全监督职能和要求。

国务院各部、委员会、中国人民银行、审计署和具有行政管理职能的直属机构，可以根据法律和国务院的行政法规、决定、命令，在本部门的权限范围内，制定规章。例如，公安部在 1997 年 6 月颁布了《计算机信息系统安全专用产品检测和销售许可证管理办法》，该办法指出，在我国境内销售的境内外计算机信息系统安全专用产品必须经过公安部有关机构检测，获得许可证后，方可在我国境内销售使用。

省、自治区、直辖市的人民代表大会及其常务委员会，在不与宪法、法律、行政法规相抵触的前提下，可以制定地方性法规，报全国人民代表大会常务委员会和国务院备案。设区的市自治州的人民代表大会及其常务委员会，在不与宪法、法律、行政法规和本省、自治区的地方性法规相抵触的前提下，可以依照法律规定制定地方性法规，报本省、自治区的人民代表大会常务委员会批准后施行。

从立法体系而言,宪法具有最高的法律效力,一切法律、行政法规、地方性法规、自治条例和单行条例、规章都不得同宪法相抵触。法律的效力高于行政法规、地方性法规、规章。行政法规的效力高于地方性法规、规章。法律、行政法规、地方性法规如果有超越权限或下位法违反上位法规定的情形,将依法予以改变或者撤销。法律的这些规定,就是要求下位法与上位法相衔接、相协调、相配套,从而构成法律体系的有机统一整体,有效地调整社会关系,保证社会生活的正常秩序。

人民法院依照法律规定独立行使审判权,除法律规定的特别情况外,一律公开进行。人民法院、人民检察院和公安机关办理刑事案件,分工负责,互相配合,互相制约,保证准确有效地执行法律。

2. 立法分类

我国的法律体系由法律、行政法规、地方性法规三个层次,宪法及宪法相关法、民法、商法、行政法、经济法、社会法、刑法、诉讼与非诉讼程序法七个法律部门组成。

《宪法》作为我国的基本法,确立了公民通信自由和通信保密受到法律的保护。《中华人民共和国刑法》《网络安全法》等相关法律从不同的角度对网络安全中的相关行为进行了要求和界定,强调对网络安全的推动、重视及违法的惩戒等。

行政立法体制是国家行政立法主体的设置及其权限划分,是一个国家的立法体制的组成部分。行政法是指行政主体在行使行政职权和接受行政法制监督过程中而与行政相对人、行政法制监督主体之间发生的各种关系,以及行政主体内部发生的各种关系的法律规范的总称。常见的信息安全行政法除了《计算机信息系统安全保护条例》,还包括其他若干法规,如 1999 年10 月国务院令第 273 号《商用密码管理条例》,针对我国商用密码的科研、生产、销售和使用实行专控管理,并确立其主管部门为国家密码管理委员会及其办公室。

1.2.2 《网络安全法》

1. 《网络安全法》立法过程

《网络安全法》的出台是落实国家总体安全观的重要举措,是维护网络安全的客观需要,也是维护人民群众切身利益的迫切需要。《网络安全法》从制定到实施经历了三次审议和两次公开征求意见。

第一次审议(2015 年 6 月 26 日)明确了网络空间主权原则;对关键基础设施安全实行重点保护;加强网络安全监测预警和应急制度建设。

第二次审议(2016 年 6 月 27 日)明确了重要数据境内存储,建立数据跨境安全评估制度,并鼓励关键信息基础设施以外的网络运营者自愿参加关键信息基础设施保护体系。

第三次审议(2016 年 10 月 31 日)进一步界定关键信息基础设施范围;增加了惩治攻击、破坏我国关键信息基础设施的境外组织和个人的规定以及惩治网络诈骗等新型网络违法犯罪活动的规定;同时强调加强网络安全人才培养、保护未成年人上网安全等相关问题。

2016 年 11 月 7 日，《网络安全法》正式发布，并于 2017 年 6 月 1 日实施。《网络安全法》从我国的国情出发，坚持问题导向，总结实践经验，确定了各相关主体在网络安全保护中的义务和责任、网络信息安全各方面的基本制度，注重保护网络主体的合法权益，保障网络信息依法、有序、自由地流动，促进网络技术创新，最终实现以安全促发展，以发展来促安全。

2.《网络安全法》基本概念

《网络安全法》对相关概念进行了明确定义。

（1）网络，是指由计算机或者其他信息终端及相关设备组成的按照一定的规则和程序对信息进行收集、存储、传输、交换、处理的系统。

《网络安全法》里的网络不是传统 IT 领域中狭义的概念，它不仅指包含网线、交换机等数据通信设备的计算机网络，还包括处理信息的相关服务器和各种其他软硬件，是广义的网络空间，相当于国外的 Cyberspace 概念，而不仅仅是 Network。

（2）网络安全，是指通过采取必要措施，防范对网络的攻击、侵入、干扰、破坏和非法使用以及意外事故，使网络处于稳定可靠运行的状态，以及保障网络数据的完整性、保密性、可用性的能力。

《网络安全法》里的网络安全应对的不仅仅是对计算机网络本身的攻击，还包含对网络中处理的信息的保密性、完整性和可用性进行攻击。《网络安全法》的第三章"网络运行安全"主要针对可用性进行保护，第四章"网络信息安全"主要针对保密性和完整性进行保护。

（3）网络运行安全，是指对网络运行环境的安全保障，主要包含传统网络安全中对于保障网络与信息系统正常运行的物理环境、网络环境、主机环境和应用环境的技术管理措施。

（4）网络信息安全，是指对网络数据和个人信息的安全保障，主要包含传统数据安全、内容安全的范畴。

（5）网络运营者，是指网络的所有者、管理者和网络服务提供者。

《网络安全法》里的网络运营者不仅仅是网络的运维组织或人员，还包含网络的所有者和各种类型的网络服务提供者，例如信息搜索、网络聊天、电子商务、电子政务等网络服务的提供者，可以说涵盖了互联网服务提供商（ISP）、网络内容提供商（ICP）、互联网数据中心（IDC）等所有概念。

（6）关键信息基础设施，是指面向公众提供网络信息服务或支撑能源、通信、金融、交通、公用事业等重要行业运行的信息系统或工业控制系统。

（7）网络数据，是指通过网络收集、存储、传输、处理和产生的各种电子数据。

（8）个人信息，是指以电子或者其他方式记录的能够单独或者与其他信息结合识别自然人个人身份的各种信息，包括但不限于自然人的姓名、出生日期、身份证件号码、个人生物识别信息、住址、电话号码等。

3.《网络安全法》主要内容

《网络安全法》共计七章、七十九条，主要内容包括网络空间主权原则、网络安全支持与促进、网络运行安全、关键信息基础设施保护、网络信息保护、网络安全审查等。

1）网络空间主权原则

作为我国网络安全治理的基本法，《网络安全法》在总则部分确立了网络主权原则。《网络安全法》第一条："为了保障网络安全，维护网络空间主权和国家安全、社会公共利益，保护公民、法人和其他组织的合法权益，促进经济社会信息化健康发展，制定本法。"此法条明确了《网络安全法》为"维护网络空间主权"而制定，强调了"网络空间主权"这一概念。另外，《网络安全法》还在总则部分明确了网络安全管理体制、分工及境内外的适用效力等问题。

2）网络安全支持与促进

在《网络安全法》第二章中，指出国家对网络安全的发展给予支持，主要包括以下内容：

（1）建立和完善网络安全标准体系。

（2）统筹规划，扶持网络安全产业（产品、服务等）。

（3）推进网络安全社会化服务体系建设。

（4）鼓励开发网络数据安全保护和利用技术，支持创新网络安全管理方式。

（5）开展经常性的网络安全宣传教育。

（6）支持企业和高等学校、职业学校及教育培训机构等开展网络安全相关教育与培训，采取多种方式培养网络安全人才，促进网络安全人才交流。

3）网络运行安全

（1）强调网络安全等级保护制度。

《网络安全法》第二十一条表明国家实行网络安全等级保护制度，明确了网络安全等级保护制度在我国网络安全工作中的地位，并要求网络运营者应当按照网络安全等级保护制度的要求，履行下列安全保护义务，保障网络免受干扰、破坏或者未经授权的访问，防止网络数据泄露或者被窃取、篡改：

➤ 制定内部安全管理制度和操作规程，确定网络安全负责人，落实网络安全保护责任。

➤ 采取防范计算机病毒和网络攻击、网络侵入等危害网络安全行为的技术措施。

➤ 采取监测、记录网络运行状态、网络安全事件的技术措施，并按照规定留存相关的网络日志不少于六个月。

➤ 采取数据分类、重要数据备份和加密等措施。

➤ 法律、行政法规规定的其他义务。

等级保护制度从原有的以公安部牵头的行业制度，正式成为我国不涉及国家秘密信息系统的基本保护制度。

（2）明确网络产品、服务提供者的安全义务。

➤ 强制标准义务：网络产品、服务应当符合相关国家标准的强制性要求，不得设置恶意程序。

➤ 设备与产品要求：网络关键设备和网络安全产品应当按照相关国家标准的强制性要求，由具备资格的机构安全认证合格或者安全检测符合要求后，方可销售或者提供。

➤ 告知补救义务：网络产品、服务提供者发现其网络产品、服务存在安全缺陷、漏洞等风险时，应当立即采取补救措施，及时告知用户，向有关主管部门报告。

> 安全维护义务：网络产品、服务提供者应为产品、服务持续提供安全维护，在规定或者当事人约定的期限内不得终止。

> 个人信息保护义务：网络产品、服务具有收集用户信息功能的，其提供者应当向用户明示并取得同意；涉及用户个人信息的，还应当遵守相关法律、行政法规关于个人信息保护的规定。

（3）明确一般性安全保护义务。

> 安全信息发布：开展网络安全认证、检测、风险评估等活动，向社会发布系统漏洞、计算机病毒、网络攻击、网络侵入等网络安全信息，应当遵守国家有关规定。

> 禁止危害行为：任何个人和组织不得从事非法侵入他人网络、干扰他人网络正常功能、窃取网络数据等危害网络安全的活动；不得提供专门用于从事侵入网络、干扰网络正常功能及防护措施、窃取网络数据等危害网络安全活动的程序、工具；明知他人从事危害网络安全的活动，不得为其提供技术支持、广告推广、支付结算等帮助。

> 信息使用规则：网信部门和有关部门在履行网络安全保护职责中获取的信息，只能用于维护网络安全的需要，不得用于其他用途。

4）关键信息基础设施保护

关键信息基础设施一旦发生网络安全事故，会影响重要行业正常运行，严重危害国家政治、经济、科技、社会、文化、国防、环境以及人民生命财产。因此，对关键信息基础设施实行重点保护。

（1）关键信息基础设施管理机制。

关键信息基础设施的具体范围由国务院制定，鼓励关键信息基础设施以外的网络运营者自愿参与关键信息基础设施保护体系。按照国务院规定的职责分工，负责关键信息基础设施安全保护工作的部门具体负责实施本行业、本领域的关键信息基础设施保护工作。国家网信部门统筹协调有关部门对关键信息基础设施采取安全保护措施。

（2）关键信息基础设施建设要求。

建设关键信息基础设施应当确保其具有支持业务稳定、持续运行的性能。系统建设与安全技术措施遵循同步规划、同步建设、同步使用的原则。

（3）关键信息基础设施运营者安全保护义务。

> 人员安全管理：设置专门的安全管理机构和安全管理负责人；对负责人和关键岗位的人员进行安全背景审查；定期对从业人员进行网络安全教育、技术培训和技能考核。

> 数据境内留存：在我国境内运营中收集和产生的个人信息和重要数据应当在境内存储。确需向境外提供的，需进行安全评估；对重要系统和数据库进行容灾备份。

> 应急预案机制：制定网络安全事件应急预案，并定期进行演练。

> 安全采购措施：采购网络产品和服务可能影响国家安全，应当通过国家安全审查；应与网络产品和服务提供者签订安全保密协议。

> 风险评估机制：自行或者委托网络安全服务机构对其网络的安全性和可能存在的风险每年至少进行一次检测评估，并将检测评估情况和改进措施报送相关部门。

5）网络信息保护

网络信息保护吸收了国际通行准则中合法、正当、必要的原则，采用公开收集、使用规则及获得同意的透明规则（《网络安全法》第四十一条）。《网络安全法》限制超范围收集、违法和违约的收集行为，对于已收集的信息不得泄露、毁损，建立预防措施，防止信息保密性、完整性和可用性的破坏，并建立补救措施，对产生上述行为的结果做出有效的处理。在第四十三条中，对违法、违约信息进行删除、有误信息进行改正的主体责任做出约定。

2017 年 5 月 2 日，国家互联网信息办公室正式发布《互联网新闻信息服务管理规定》（国信办 1 号令），于 6 月 1 日同《网络安全法》一起实施。国信办 1 号令明确规定了在网络空间开展新闻信息服务的范围、条件、提供者的责任义务，积极响应国家网信部门对于开展服务进行监督检查的要求以及相关法律责任。该规定属于《网络安全法》下对网络信息安全中互联网新闻安全的部门规章制度。

同日，国家互联网信息办公室一并发布《互联网信息内容管理行政执法程序规定》（国信办 2 号令），于 6 月 1 日与《网络安全法》一起实施。国信办 2 号令明确规定了互联网信息内容管理部门行政执法依据、管辖范围、立案流程、调查取证过程、听证及约谈机制、处罚决定及执行办法。该规定正式授予网信部门对互联网信息内容进行管理的行政执法权力。

6）网络安全审查

《网络安全法》第三十五条规定："关键信息基础设施的运营者采购网络产品和服务，可能影响国家安全的，应当通过国家网信部门会同国务院有关部门组织的国家安全审查。"2017 年 2 月 4 日，国家互联网信息办公室发布关于《网络产品和服务安全审查办法（征求意见稿）》公开征求意见的通知。其中对审查的目的、需要审查的网络产品和服务的范围、网络安全审查的管理部门（网络安全审查委员会）、审查的机构（国家统一认定网络安全审查第三方机构）进行规定，并对党政机关、重点行业的审查工作提出要求，于 6 月 1 日同《网络安全法》一起实施。

2017 年 6 月 1 日，由国家互联网信息办公室等四部委联合发布的《网络关键设备和网络安全专用产品目录（第一批）》公告中，规定列入目录的设备和产品，应当按照相关国家标准的强制性要求，由具备资格的机构安全认证合格或者安全检测符合要求后，方可销售或者提供。该目录相对于过去由公安部发布的《计算机信息系统安全专用产品销售许可证目录》范围有所扩大。未来还将增加对各类网络安全服务的安全审查。

1.2.3　《网络安全法》配套法律法规

《网络安全法》作为我国网络空间安全管理制度的基础性法律，框架性地构建了许多法律制度和要求，重点包括网络内容管理制度、网络安全等级保护制度、关键信息基础设施安全保护制度、个人信息和重要数据保护制度、数据出境安全评估、网络安全事件应对制度等。为保障《网络安全法》的有效实施，以国家互联网信息办公室为主的监管部门制定了多项配套法律法规，这些法律法规提出了互联网信息内容管理、关键信息基础设施保护、个人信息和重要数据保护等多个方面的保护要求。

1. 互联网信息内容管理

互联网信息内容管理是网络空间治理中出现的新问题，在处理互联网信息服务违法事件的过程中，面临着有效法律手段缺乏、法律依据不足等问题。习近平总书记在"4·19"讲话中指出，"网络空间是亿万民众共同的精神家园。网络空间天朗气清、生态良好，符合人民利益。网络空间乌烟瘴气、生态恶化，不符合人民利益。"

为配合《网络安全法》的正式实施，国务院公布《互联网信息服务管理办法》，国家互联网信息办公室陆续公布《互联网新闻信息服务管理规定》《互联网信息内容管理行政执法程序规定》《互联网新闻信息服务许可管理实施细则》《互联网新闻信息服务单位内容管理从业人员管理办法》，我国互联网新闻信息治理一步步具体和细化，构成了从法律、行政法规、部门规章到规范性文件较为完善的制度体系。

2. 关键信息基础设施保护

关键信息基础设施是《网络安全法》中明确规定的保护重点，为了有效落实关键信息基础设施保护工作，2017年7月1日，国家互联网信息办公室发布了《关键信息基础设施安全保护条例（征求意见稿）》（以下简称《关保条例》）作为《网络安全法》的重要配套法规。

《关保条例》对关键信息基础设施的范围、各监管部门的职责、运营者的安全保护义务以及安全检测评估制度提出了更加具体、操作性更强的要求，为开展关键信息基础设施的安全保护工作提供了重要的法律支撑。依据《关保条例》第十九条的规定，国家网信部门会同国务院电信主管部门、公安部门等部门制定关键信息基础设施识别指南（以下简称识别指南）。识别指南重点是给企业提供更加明确的指引，确定关键信息基础设施的范围和内容，同时对关键信息基础设施的网络安全审查做出了具体要求。

网络安全审查重点评估关键信息基础设施运营者采购网络产品和服务可能带来的影响或可能影响国家安全的风险，应当按照《网络安全审查办法》进行网络安全审查，主要考虑以下因素：

➢ 产品和服务使用后带来的关键信息基础设施被非法控制、遭受干扰或破坏，以及重要数据被窃取、泄露、毁损的风险。

➢ 产品和服务供应中断对关键信息基础设施业务连续性的危害。

➢ 产品和服务的安全性、开放性、透明性、来源的多样性，供应渠道的可靠性以及因为政治、外交、贸易等因素导致供应中断的风险。

➢ 产品和服务提供者遵守中国法律、行政法规、部门规章情况。

➢ 其他可能危害关键基础设施安全和国家安全的因素。

3. 个人信息和重要数据保护

网络空间时代，个人信息和数据保护的重要性不断提升，《网络安全法》第四十一条规定，"网络运营者收集、使用个人信息，应当遵循合法、正当、必要的原则，公开收集、使用规则，明示收集、使用信息的目的、方式和范围，并经被收集者同意。"为了配合《网络安全法》关于个人信息保护的相关要求，《儿童个人信息网络保护规定》《个人信息出境安全评估办法（征求意见稿）》《数据安全管理办法（征求意见稿）》《中华人民共和国个人信息保护法（草案）》等一系列与个人信息和数据保护相关法律法规先后发布或向社会公开征求意见。

《儿童个人信息网络保护规定》于 2019 年 10 月 1 日起正式实施，是我国首部关于儿童个人信息保护的专门立法。与成年人相比，儿童心智发育尚未完全，而随着互联网应用的普及，大量儿童很早就接触互联网，由于对自己的行为性质和行为后果均缺乏必要的判断和识别能力，因此需要予以特别保护。为了规范收集和使用儿童个人信息等行为，保护儿童合法权益，为儿童健康成长创造良好的网上环境，国家互联网信息办公室正式发布《儿童个人信息网络保护规定》。在公民个人信息保护现有法律规定的基础上，对儿童个人信息的收集、存储、使用、转移、披露等方面进行了较为全面的规定，对营造安全健康的网络环境具有重大意义。其中第七条明确了儿童个人信息网络保护的五大原则，即正当必要、知情同意、目的明确、安全保障、依法利用，并对知情同意原则问题做出了细化规定，具体包括征求同意、撤回同意、信息更正、安全事件警示、特殊保护机制、专门负责、最小授权、安全评估和删除权。

为了保障个人信息安全，维护网络空间主权、国家安全、社会公共利益，保护公民、法人的合法权益，《个人信息出境安全评估办法》作为《网络安全法》的配套法律之一，于 2019 年向社会公开征求意见。《个人信息出境安全评估办法（征求意见稿）》全文共二十二条，明确了个人信息出境申报评估要求、重点评估内容、个人信息出境记录、出境合同内容及权利义务要求、安全风险及安全保障措施分析报告等要求。《个人信息出境安全评估办法》的出台对网络运营者在个人信息出境方面的责任和义务进行了界定，对网络运营者做好个人信息出境安全工作提出了更高的要求。这是针对个人信息脱离控制流向境外的情况所采取的一项有力的制度设计，该办法有效地保障了个人信息主体的合法权益。

2019 年发布的《数据安全管理办法（征求意见稿）》进一步从数据的收集、使用和安全监督管理等方面规定了网络运营者的数据安全保护义务，主要内容有五个方面：

- ➢ 区分数据类型，明确重点保护对象。
- ➢ 构建个人信息保护的基本制度。
- ➢ 重新定义重要数据，构建重要数据保护的基本制度。
- ➢ 针对新技术，提出新的监管措施。
- ➢ 明确网络运营者的义务，澄清国家标准的法律地位。

2020 年 10 月 21 日，《中华人民共和国个人信息保护法（草案）》公布并公开征求社会公众意见。草案明确规定，个人信息是指以电子或者其他方式记录的与已识别或者可识别的自然人有关的各种信息。其中个人信息的处理包括个人信息的收集、存储、使用、加工、传输、提供、公开等活动。同时，借鉴有关国家和地区的做法，草案还赋予了必要的境外适用效力，以充分保护我国境内个人的权益。草案确立了个人信息处理应遵循的原则，强调处理个人信息应当采用合法、正当的方式，具有明确、合理的目的，限于实现处理目的的最小范围，公开处理规则，保证信息准确，采取安全保护措施等，并将上述原则贯穿于个人信息处理的全过程、各环节。

1.2.4 其他网络安全相关法律及条款

1.《中华人民共和国刑法》

刑事责任是对犯罪分子依照国家刑事法律的规定追究的法律责任。根据《中华人民共和国立法法》的要求，在其他网络安全相关法律法规中不能规定涉及刑事责任的行为，必须由《中华人民共和国刑法》（以下简称《刑法》）及其修正案规定。当前，在《刑法》修正案中，一般对网络安全犯罪采用有期徒刑和拘役等刑事处罚。《刑法》中网络安全相关法律条款介绍如下。

1）《刑法》第二百五十三条

第二百五十三条之一　违反国家有关规定，向他人出售或者提供公民个人信息，情节严重的，处三年以下有期徒刑或者拘役，并处或者单处罚金；情节特别严重的，处三年以上七年以下有期徒刑，并处罚金。

违反国家有关规定，将在履行职责或者提供服务过程中获得的公民个人信息，出售或者提供给他人的，依照前款的规定从重处罚。

窃取或者以其他方法非法获取公民个人信息的，依照第一款的规定处罚。

单位犯前三款罪的，对单位判处罚金，并对其直接负责的主管人员和其他直接责任人员，依照各该款的规定处罚。

2）《刑法》第二百八十五条

第二百八十五条　违反国家规定，侵入国家事务、国防建设、尖端科学技术领域的计算机信息系统的，处三年以下有期徒刑或者拘役。

违反国家规定，侵入前款规定以外的计算机信息系统或者采用其他技术手段，获取该计算机信息系统中存储、处理或者传输的数据，或者对该计算机信息系统实施非法控制，情节严重的，处三年以下有期徒刑或者拘役，并处或者单处罚金；情节特别严重的，处三年以上七年以下有期徒刑，并处罚金。

提供专门用于侵入、非法控制计算机信息系统的程序、工具，或者明知他人实施侵入、非法控制计算机信息系统的违法犯罪行为而为其提供程序、工具，情节严重的，依照前款的规定处罚。

单位犯前三款罪的，对单位判处罚金，并对其直接负责的主管人员和其他直接责任人员，依照各该款的规定处罚。

3）《刑法》第二百八十六条

第二百八十六条　违反国家规定，对计算机信息系统功能进行删除、修改、增加、干扰，造成计算机信息系统不能正常运行，后果严重的，处五年以下有期徒刑或者拘役；后果特别严重的，处五年以上有期徒刑。

违反国家规定，对计算机信息系统中存储、处理或者传输的数据和应用程序进行删除、修改、增加的操作，后果严重的，依照前款的规定处罚。

故意制作、传播计算机病毒等破坏性程序，影响计算机系统正常运行，后果严重的，依照第一款的规定处罚。

单位犯前三款罪的，对单位判处罚金，并对其直接负责的主管人员和其他直接责任人员，依照第一款的规定处罚。

第二百八十六条之一 网络服务提供者不履行法律、行政法规规定的信息网络安全管理义务，经监管部门责令采取改正措施而拒不改正，有下列情形之一的，处三年以下有期徒刑、拘役或者管制，并处或者单处罚金：

（一）致使违法信息大量传播的；

（二）致使用户信息泄露，造成严重后果的；

（三）致使刑事案件证据灭失，情节严重的；

（四）有其他严重情节的。

单位犯前款罪的，对单位判处罚金，并对其直接负责的主管人员和其他直接责任人员，依照前款的规定处罚。

有前两款行为，同时构成其他犯罪的，依照处罚较重的规定定罪处罚。

4）《刑法》第二百八十七条

第二百八十七条 利用计算机实施金融诈骗、盗窃、贪污、挪用公款、窃取国家秘密或者其他犯罪的，依照本法有关规定定罪处罚。

第二百八十七条之一 利用信息网络实施下列行为之一，情节严重的，处三年以下有期徒刑或者拘役，并处或者单处罚金：

（一）设立用于实施诈骗、传授犯罪方法、制作或者销售违禁物品、管制物品等违法犯罪活动的网站、通讯群组的；

（二）发布有关制作或者销售毒品、枪支、淫秽物品等违禁物品、管制物品或者其他违法犯罪信息的；

（三）为实施诈骗等违法犯罪活动发布信息的。

单位犯前款罪的，对单位判处罚金，并对其直接负责的主管人员和其他直接责任人员，依照第一款的规定处罚。

有前两款行为，同时构成其他犯罪的，依照处罚较重的规定定罪处罚。

第二百八十七条之二 明知他人利用信息网络实施犯罪，为其犯罪提供互联网接入、服务器托管、网络存储、通讯传输等技术支持，或者提供广告推广、支付结算等帮助，情节严重的，处三年以下有期徒刑或者拘役，并处或者单处罚金。

单位犯前款罪的，对单位判处罚金，并对其直接负责的主管人员和其他直接责任人员，依照第一款的规定处罚。

有前两款行为，同时构成其他犯罪的，依照处罚较重的规定定罪处罚。

2.《中华人民共和国国家安全法》

2014 年 4 月 15 日，中央国家安全委员会第一次会议召开，习近平总书记首次提出"总体国家安全观"的概念，强调要走出一条中国特色国家安全道路，要构建集政治安全、国土安全、军事安全、经济安全、文化安全、社会安全、科技安全、网络安全、生态安全、资源安全、核安全等于一体的国家安全体系。

《中华人民共和国国家安全法》（以下简称《国家安全法》）第二十五条规定：国家建设网

络与信息安全保障体系，提升网络与信息安全保护能力，加强网络和信息技术的创新研究和开发应用，实现网络和信息核心技术、关键基础设施和重要领域信息系统及数据的安全可控；加强网络管理，防范、制止和依法惩治网络攻击、网络入侵、网络窃密、散布违法有害信息等网络违法犯罪行为，维护国家网络空间主权、安全和发展利益。

《国家安全法》第五十九条规定：国家建立国家安全审查和监管的制度和机制，对影响或者可能影响国家安全的外商投资、特定物项和关键技术、网络信息技术产品和服务、涉及国家安全事项的建设项目，以及其他重大事项和活动，进行国家安全审查，有效预防和化解国家安全风险。

3.《中华人民共和国保守国家秘密法》

《中华人民共和国保守国家秘密法》（以下简称《保密法》）由中华人民共和国第十一届全国人民代表大会常务委员会第十四次会议于 2010 年 4 月 29 日修订通过，自 2010 年 10 月 1 日起施行。该法共计六章，五十三条。

《保密法》第十条规定：国家秘密的密级分为绝密、机密、秘密三级。

《保密法》第二十三条规定：存储、处理国家秘密的计算机信息系统（以下简称涉密信息系统）按照涉密程度实行分级保护。涉密信息系统应当按照国家保密标准配备保密设施、设备。保密设施、设备应当与涉密信息系统同步规划，同步建设，同步运行。涉密信息系统应当按照规定，经检查合格后，方可投入使用。

《保密法》第二十四条规定：机关、单位应当加强对涉密信息系统的管理，任何组织和个人不得将涉密计算机、涉密存储设备接入互联网及其他公共信息网络。

《保密法》第二十八条规定：互联网及其他公共信息网络运营商、服务商应当配合公安机关、国家安全机关、检察机关对泄密案件进行调查；发现利用互联网及其他公共信息网络发布的信息涉及泄露国家秘密的，应当立即停止传输，保存有关记录，向公安机关、国家安全机关或者保密行政管理部门报告；应当根据公安机关、国家安全机关或者保密行政管理部门的要求，删除涉及泄露国家秘密的信息。

《保密法》第三十四条规定：从事国家秘密载体制作、复制、维修、销毁，涉密信息系统集成，或者武器装备科研生产等涉及国家秘密业务的企业事业单位，应当经过保密审查，具体办法由国务院规定。

4.《中华人民共和国电子签名法》

《中华人民共和国电子签名法》由中华人民共和国第十届全国人民代表大会常务委员会第十一次会议于 2004 年 8 月 28 日通过，自 2005 年 4 月 1 日起施行。该法共计五章，三十六条，主要内容是对电子签名的法律效力、适用范围和作为证据的真实性提出要求。其中规定电子签名需要第三方认证，由依法设立的电子认证服务提供者提供认证服务；从事电子认证服务，应当向国务院信息产业主管部门（当前为工业和信息化部）提出申请。

5.《中华人民共和国反恐怖主义法》

《中华人民共和国反恐怖主义法》（以下简称《反恐法》）由中华人民共和国第十二届全国

人民代表大会常务委员会第十八次会议于 2015 年 12 月 27 日通过,自 2016 年 1 月 1 日起施行。该法共计十章,九十七条,其中与网络信息安全相关的主要内容介绍如下。

《反恐法》第十八条规定:电信业务经营者、互联网服务提供者应当为公安机关、国家安全机关依法进行防范、调查恐怖活动提供技术接口和解密等技术支持和协助。

《反恐法》第十九条规定:电信业务经营者、互联网服务提供者应当依照法律、行政法规规定,落实网络安全、信息内容监督制度和安全技术防范措施,防止含有恐怖主义、极端主义内容的信息传播;发现含有恐怖主义、极端主义内容的信息的,应当立即停止传输,保存相关记录,删除相关信息,并向公安机关或者有关部门报告。对互联网上跨境传输的含有恐怖主义、极端主义内容的信息,电信主管部门应当采取技术措施,阻断传播。

《反恐法》第六十一条规定:恐怖事件发生后,负责应对处置的反恐怖主义工作领导机构可以决定由有关部门和单位采取在特定区域内实施互联网、无线电、通讯管制的应对处置措施。

6.《中华人民共和国密码法》

《中华人民共和国密码法》(以下简称《密码法》)是为了规范密码应用和管理,促进密码事业发展,保障网络与信息安全,维护国家安全和社会公共利益,保护公民、法人和其他组织的合法权益制定的法律;是中国密码领域的综合性、基础性法律。《密码法》由中华人民共和国第十三届全国人民代表大会常务委员会第十四次会议于 2019 年 10 月 26 日通过,自 2020 年 1 月 1 日起施行。

《密码法》中规定,国家对密码实行分类管理,将密码分为核心密码、普通密码和商用密码,并提出了密码分类保护要求:核心密码、普通密码用于保护国家秘密信息,商用密码用于保护不属于国家秘密的信息。

对于商用密码在关键信息基础设施中的应用,《密码法》第二十七条规定:法律、行政法规和国家有关规定要求使用商用密码进行保护的关键信息基础设施,其运营者应当使用商用密码进行保护,自行或者委托商用密码检测机构开展商用密码应用安全性评估。商用密码应用安全性评估应当与关键信息基础设施安全检测评估、网络安全等级测评制度相衔接,避免重复评估、测评。

关键信息基础设施的运营者采购涉及商用密码的网络产品和服务,可能影响国家安全的,应当按照《中华人民共和国网络安全法》的规定,通过国家网信部门会同国家密码管理部门等有关部门组织的国家安全审查。

1.3　网络空间安全政策与标准

1.3.1　国家网络空间安全战略

1. 机遇和挑战

伴随信息革命的飞速发展,互联网、通信网、计算机系统、自动化控制系统、数字设备及其承载的应用、服务和数据等组成的网络空间，正在全面改变人们的生产生活方式，深刻影响人类社会历史发展进程。《国家网络空间安全战略》总结了网络空间带来的改变，分别是信息传播的新渠道、生产生活的新空间、经济发展的新引擎、文化繁荣的新载体、社会治理的新平台、交流合作的新纽带、国家主权的新疆域，同时提出这些改变就是机遇。

另外，《国家网络空间安全战略》也总结了网络空间面临的六大挑战，即网络渗透危害政治安全、网络攻击威胁经济安全、网络有害信息侵蚀文化安全、网络恐怖和违法犯罪破坏社会安全、网络空间的国际竞争方兴未艾、网络空间机遇和挑战并存。

2. 目标

《国家网络空间安全战略》提出要以总体国家安全观为指导，贯彻落实创新、协调、绿色、开放、共享的发展理念，增强风险意识和危机意识，统筹国内国际两个大局，统筹发展安全两件大事，积极防御、有效应对，推进网络空间和平、安全、开放、合作、有序，维护国家主权、安全、发展利益，实现建设网络强国的战略目标。

（1）和平：信息技术滥用得到有效遏制，网络空间军备竞赛等威胁国际和平的活动得到有效控制，网络空间冲突得到有效防范。

（2）安全：网络安全风险得到有效控制，国家网络安全保障体系健全完善，核心技术装备安全可控，网络和信息系统运行稳定可靠。网络安全人才满足需求，全社会的网络安全意识、基本防护技能和利用网络的信心大幅提升。

（3）开放：信息技术标准、政策和市场开放、透明，产品流通和信息传播更加顺畅，数字鸿沟日益弥合。不分大小、强弱、贫富，世界各国特别是发展中国家都能分享发展机遇、共享发展成果、公平参与网络空间治理。

（4）合作：世界各国在技术交流、打击网络恐怖和网络犯罪等领域的合作更加密切，多边、民主、透明的国际互联网治理体系健全完善，以合作共赢为核心的网络空间命运共同体逐步形成。

（5）有序：公众在网络空间的知情权、参与权、表达权、监督权等合法权益得到充分保障，网络空间个人隐私获得有效保护，人权受到充分尊重。网络空间的国内和国际法律体系、标准规范逐步建立，网络空间实现依法有效治理，网络环境诚信、文明、健康，信息自由流动与维护国家安全、公共利益实现有机统一。

3. 原则

《国家网络空间安全战略》也给出构建网络空间和平与安全的四项基本原则，分别是尊重维护网络空间主权、和平利用网络空间、依法治理网络空间、统筹网络安全与发展。

4. 任务

为了保障网络空间"五大战略目标"的实现，《国家网络空间安全战略》提出基于和平利用与共同治理网络空间的九大任务：

（1）坚定捍卫网络空间主权。

（2）坚决维护国家安全。

（3）保护关键信息基础设施。

（4）加强网络文化建设。

（5）打击网络恐怖和违法犯罪。

（6）完善网络治理体系。

（7）夯实网络安全基础。

（8）提升网络空间防护能力。

（9）强化网络空间国际合作。

1.3.2　信息安全标准

1. 标准和标准化

1）标准

标准是为了在一定范围内获得最佳秩序，经协商一致制定并由公认机构批准，共同和重复使用的一种规范性文件。

国际标准是由国际标准化组织或国际标准组织通过并公开发布的标准。

国家标准是由国家标准机构通过并公开发布的标准。《中华人民共和国标准化法》（以下简称《标准化法》）规定，对需要在全国范围内统一的技术要求，应当制定国家标准。国家标准由国务院标准化行政主管部门制定。

行业标准是对没有国家标准而又需要在全国某个行业范围内统一的技术要求所制定的标准。根据《标准化法》的规定，由我国各主管部、委（局）批准发布，在该部门范围内统一使用的标准，称为行业标准。行业标准由国务院有关行政主管部门制定，并报国务院标准化行政主管部门备案，在公布国家标准之后，该项行业标准即行废止。

地方标准是对没有国家标准和行业标准而又需要在省、自治区、直辖市范围内统一的工业产品的安全、卫生要求所制定的标准。地方标准由省、自治区、直辖市标准化行政主管部门制定，并报国务院标准化行政主管部门和国务院有关行政主管部门备案，在公布国家标准或者行业标准之后，该地方标准即行废止。

2）标准化

标准化即为了在一定范围内获得最佳秩序，对现实问题或潜在问题制定共同和重复使用的条款的活动。标准化工作的任务是制定标准、组织实施标准和对标准的实施进行监督。标准化的主要作用在于为了其预期目的改进产品、过程或服务的适用性，防止贸易壁垒，并促进技术合作。

（1）标准化具有以下基本特点：

➢　标准化是一项活动，是制定、发布和实施标准的系统过程，标准是标准化活动过程的核心要素。标准化对象不是孤立的一件事、一个事物，而是共同的、可重复的事物。

➢　标准化的对象可以概括为"物""事""人"三方面，由于这些"物""事""人"的多次重复活动，产生了统一标准的客观需要和要求，从而分别形成了技术标准、管理标准和工作标准。

➢ 标准化是一个动态的概念，是随着科技的进步和社会的发展而不断变化发展的。标准没有最终成果，标准在深度上的持续深化和广度上的不断扩张体现了标准化的动态特征。

➢ 标准化是一个相对的概念，表现在随着事物的发展，标准化与非标准化、共性和个性相互不断转化的发展规律上。任何已经标准化的事物和概念都可能随着社会的发展、环境的变化突破已有的共同规定，成为非标准化。因此，这种事物和概念的标准化——非标准化——再标准化，共性——个性——共性的交替进化，符合否定之否定的辩证法，它推动标准化永无止境地发展。

➢ 标准化的经济和社会效益只有当标准在实践中得到应用以后才能体现出来，因此在标准化活动中，标准的应用是最重要、最具实践性的一个环节，没有标准的应用，标准化工作就失去根本意义。

（2）标准化工作应该遵循以下原则：

➢ 简化：在一定范围内缩减对象的类型数目，使之在既定时间内足以满足一般需要的标准化形式。对象的多样性发展规模超出必要的范围时，消除多余的、可替换的、低功能的环节，保持其构成的精练、合理，使总体功能最佳。

➢ 统一：把同类事物两种以上的表现形态归并为一种或限定在一个范围内的标准化形式。统一化的目的是消除由于不必要的多样化而造成的混乱，为人类的正常活动建立共同遵循的秩序。

➢ 协调：任何事物都处于广泛联系之中，存在着相关性，其在系统中作为一个功能单元，既受约束，又影响整个功能的发挥，必须与其他功能单元进行协调，在连接点上找到一致性，使整体功能最佳。

➢ 优化：按照特定的目标，在一定的限制条件下，对标准系统的构成因素及其关系进行选择、设计或调整，使之达到最理想的效果。

2. 标准化组织

标准化组织一般分为国际标准组织，如国际标准化组织（ISO）和互联网工程任务组（IETF）等；以及国家标准组织，如中国国家标准化管理委员会（SAC）、美国国家标准学会（ANSI）、英国标准协会（BSI）等。国际标准组织是指其成员资格向每个国家的有关国家机构开放的标准化组织。与之相对应的，国家标准组织是在国家层面上承认的、有资格成为相应的国际和区域标准组织的国家成员的标准机构。我国的国家标准机构是国家标准化管理委员会。

1）国际信息安全标准组织

国际上，信息安全标准化工作兴起于20世纪70年代中期，80年代有了较快的发展，90年代引起了世界各国的普遍关注。目前，世界上有近300个国际和区域性组织负责制定标准或技术规则，其中与信息安全标准化有关的主要组织有国际标准化组织、国际电工委员会（IEC）、国际电信联盟（ITU）、互联网工程任务组等。

（1）国际标准化组织。

国际标准化组织于 1947 年 2 月 23 日正式开始工作，ISO/IEC JTC1（信息技术标准化委员会）所属 SC27（信息安全分技术委员会）的前身是 SC20（数据加密分技术委员会），主要从事信息技术安全的一般方法和技术的标准化工作。ISO/IEC JTC1 SC27 是国际标准化组织和国际电工委员会的信息技术联合技术委员会下专门从事信息安全标准化的分技术委员会，是信息安全领域中最具代表性的国际标准组织。SC27 下设信息安全管理体系工作组（WG1），密码技术与安全机制工作组（WG2），安全评价、测试和规范工作组（WG3），安全控制与服务工作组（WG4）和身份管理与隐私保护技术工作组（WG5）五个工作组，工作范围涵盖信息安全管理和技术领域。ISO/TC68 则负责银行业务应用范围内有关信息安全标准的制定，它主要制定行业应用标准，在组织上和标准之间与 SC27 有着密切的联系。ISO/IEC JTC1 负责制定的标准主要是开放系统互连、密钥管理、数字签名、安全的评估等方面的内容。

（2）国际电工委员会。

国际电工委员会正式成立于 1906 年 10 月，是世界上成立最早的专门国际标准化机构。在信息安全标准化方面，除了与 ISO 联合成立了 JTC1 下分委员会，还在电信、电子系统、信息技术和电磁兼容等方面成立技术委员会，如 TC56 可信技术委员会、TC74 IT 设备安全和能效技术委员会等、TC77 电磁兼容技术委员会等，并制定相关国际标准，如《信息技术设备的安全 第 1 部分：一般要求》（IEC 60950-1）等。

（3）国际电信联盟。

国际电信联盟成立于 1865 年 5 月 17 日，其 SG17 研究组主要负责研究通信系统安全标准，包括通信安全项目、安全架构和框架、计算安全、安全管理、用于安全的生物测定、安全通信服务等。此外，SG16 研究组和下一代网络核心组也在通信安全、H323 网络安全、下一代网络安全等标准方面进行了研究。目前，ITU-T 建议书中有 40 多个标准与通信安全有关。

（4）互联网工程任务组。

互联网工程任务组创建于 1986 年，其主要任务是负责互联网相关技术规范的研发和制定，是全球互联网界最具权威的大型技术研究组织。IETF 标准制定的具体工作由各个工作组承担，工作组分成八个领域，分别是互联网路由、传输、应用领域等，著名的 IKE 和 IPsec 都在 RFC 系列之中，还有电子邮件、网络认证和密码标准，以及 TLS 标准和其他的安全协议标准。

2）国家标准组织

（1）美国国家标准学会。

1918 年，美国材料试验协会（ASTM）、美国机械工程师协会（ASME）、美国矿业与冶金工程师协会（ASMME）、美国土木工程师协会（ASCE）、美国电气工程师协会（AIEE）等组织共同成立了美国工程标准委员会（AESC）。美国政府的三个部（商务部、陆军部、海军部）也参与了该委员会的筹备工作。1928 年，AESC 改组为美国标准协会（ASA）。1966 年 8 月，又改组为美利坚合众国标准学会（USASI）。1969 年 10 月 6 日，改为美国国家标准学会（ANSI）。

ANSI 于 20 世纪 80 年代初开始数据加密标准化工作，共制定了三项美国国家标准。ANSI

中技术委员会 NCITS（即 X3）负责信息技术，承担着 JTC1 秘书处的工作，其中，分技术委员会 T4 专门负责 IT 安全技术标准化工作，对口 JTC1 的 SC27。

（2）美国国家标准与技术研究院。

美国国家标准与技术研究院（NIST）直属美国商务部，从事物理、生物和工程方面的基础和应用研究，以及测量技术和测试方法方面的研究，提供标准、标准参考数据及有关服务，在国际上享有很高的声誉。

从 20 世纪 70 年代公布的数据加密标准（DES）开始，NIST 制定了一系列有关信息安全方面的联邦信息处理标准（FIPS）以及信息安全相关的专题出版物（NIST SP 800 系列和 NIST SP 500 系列）。

FIPS 由 NIST 在广泛搜集政府各部门及私人部门的意见的基础上写成，正式发布之前，分送给每个政府机构，并经"联邦注册"后刊印出版。经再次征求意见之后，NIST 把标准连同 NIST 的建议一起呈送美国商业部，由商业部部长签字。

（3）中国国家标准化管理委员会。

国家标准化管理委员会是我国最高级别的国家标准化机构，其下属全国信息安全标准化技术委员会负责信息安全相关标准制定及管理。

2002 年 4 月，为加强信息安全标准的协调工作，国家标准化管理委员会决定成立全国信息安全标准化技术委员会（简称信安标委，委员会编号为 TC260），由国家标准化管理委员会直接领导，对口 ISO/IEC JTC1 SC27。国家标准化管理委员会高新函〔2004〕1 号文决定：自 2004 年 1 月起，国内各有关部门在申报信息安全国家标准计划项目时，必须经信安标委提出工作意见，协调一致后由信安标委组织申报；在国家标准制定过程中，标准工作组或主要起草单位要与信安标委积极合作，并由信安标委完成国家标准送审、报批工作。

全国信息安全标准化技术委员会的组织结构如图 1-3 所示。

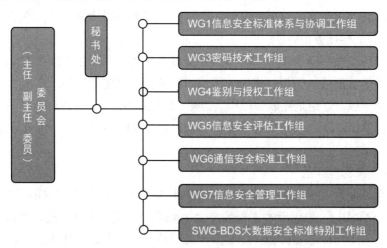

图 1-3 全国信息安全标准化技术委员会组织结构

全国信息安全标准化技术委员会设秘书处负责委员会的日常事务工作。秘书处是委员会的常设办事机构，设在中国电子技术标准化研究所。委员会下设多个工作组，其分工如下：

> 信息安全标准体系与协调工作组：研究信息安全标准体系；跟踪国际信息安全标准发展动态；研究、分析国内信息安全标准的应用需求；研究并提出新工作项目及工作建议。

> 密码技术工作组：密码算法、密码模块、密钥管理标准的研究与制定。

> 鉴别与授权工作组：国内外 PKI/PMI 标准的分析、研究和制定。

> 信息安全评估工作组：调研国内外测评标准现状与发展趋势；研究提出测评标准项目和制订计划。

> 通信安全标准工作组：调研通信安全标准现状与发展趋势，研究提出通信安全标准体系，制定和修订通信安全标准。

> 信息安全管理工作组：信息安全管理标准体系的研究；信息安全管理标准的制定工作。

> 大数据安全标准特别工作组：负责大数据和云计算相关的安全标准化研制工作。具体职责包括调研急需标准化需求，研究提出标准研制路线图，明确年度标准研制方向，及时组织开展关键标准研制工作。

3. 我国标准分类

我国的国家标准分为强制性国家标准（GB）、推荐性国家标准（GB/T）和国家标准化指导性技术文件（GB/Z）。

1）强制性国家标准

强制性国家标准具有法律属性，一经颁布必须贯彻执行，违反则构成经济或法律方面的责任。

强制性国家标准一般包括全国必须统一的基础标准、通用试验检验方法标准、对国计民生有重大影响的产品标准和工程建设标准、有关人身健康和生命安全以及环境保护方面的标准等。

2）推荐性国家标准

推荐性国家标准是自愿采用的标准，但一经法律或法规引用，或各方商定同意纳入商品、经济合同之中，成为共同遵守的技术依据，具有法律上的约束性，必须严格贯彻执行。

3）国家标准化指导性技术文件

制定国家标准化指导性技术文件只在以下给定的情况下考虑：对仍处于技术发展过程中（如变化快的高新技术领域），或者由于其他理由，将来而不是现在有可能就国家标准取得一致意见的国家标准化指导性技术文件项目，按规定的程序制定。制定国家标准化指导性技术文件的理由及它与将来的国家标准的关系，应在前言中说明。

国家标准化指导性技术文件在实施后三年内必须进行复审。复审结果可能是再延长三年、转为国家标准或撤销。

1.3.3　我国信息安全标准体系

信息安全标准体系是由信息安全领域内具有内在联系的标准组成的科学有机整体，是编制信息安全标准制订/修订计划的重要依据。信息安全标准体系是促进信息安全领域内的标准组成趋向科学化、合理化的手段，也是一幅现有、应有和预计制定的信息安全标准的蓝图，并随着科学技术的发展不断地完善和更新。

国家信息安全标准化的重要工作之一是建立国家信息安全标准体系。建立科学的国家信息安全标准体系，将众多的信息安全标准在此体系下协调一致，才能充分发挥信息安全标准系统的功能，获得良好的系统效应，取得预期的社会效益和经济效益。信息安全标准体系框架描述了信息安全标准整体组成，是整个信息安全标准化工作的指南。

本着"科学、合理、系统、适用"的原则，经过多年的研究，在借鉴和吸收国际先进的信息安全技术和方法及其标准化成果的基础上，我国初步形成了如图 1-4 所示的以信息安全基础标准和信息安全管理标准为支柱，以物理安全标准、系统与网络标准、应用与工程标准为支撑的信息安全标准体系框架。

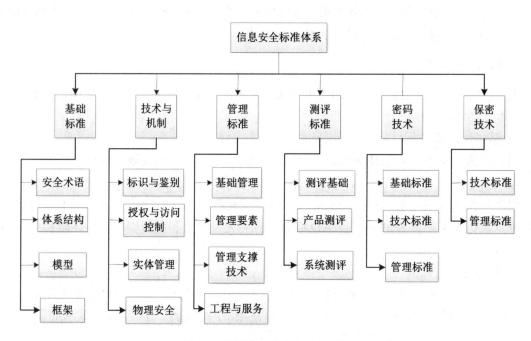

图 1-4　我国信息安全标准体系框架

1.3.4　网络安全等级保护政策与标准

1. 等级保护相关政策

1994 年，国务院颁布的《中华人民共和国计算机信息系统安全保护条例》规定：计算机信息系统实行安全等级保护，安全等级的划分标准和安全等级保护的具体办法，由公安部会同有关部门制定。1999 年，国家强制标准《计算机信息系统　安全保护等级划分准则》（GB 17859—1999）发布，正式细化了对计算机系统采用划分等级进行保护的要求。标准对安全保护对象划分了五个安全级别，从低到高分别为用户自主保护级、系统审计保护级、安全标记保护级、结构化保护级、访问验证保护级。

2002 年，公安部在 GB 17859—1999 的基础上，发布实施了五个公安行业等级保护标准，分别是《计算机信息系统安全等级保护　网络技术要求》（GA/T 387—2002）、《计算机信息系统安全等级保护　操作系统技术要求》（GA/T 388—2002）、《计算机信息系统安全等级保护　数据库管理系统技术要求》（GA/T 389—2002）、《计算机信息系统安全等级保护　通用技术要求》（GA/T 390—2002）、《计算机信息系统安全等级保护　管理要求》（GA/T 391—2002），形成了我国计算机信息系统安全等级保护系列标准的最初部分。

在国家计划委员会（现改组为国家发展和改革委员会）《计算机信息系统安全保护等级评估认证体系》及《互联网络电子身份认证管理与安全保护平台试点》项目的支持下，公安部牵头从 2003 年 1 月开始在全国范围内开展了等级保护试点工作，逐步摸索计算机信息系统安全等级保护的法律体系、技术体系和评估、执法保障体系，并开展了一些关键技术和基础性研究工作。

2004 年，公安部、国家保密局、国家密码管理局、国务院信息化工作办公室联合发布《关于信息安全等级保护工作的实施意见的通知》（公通字〔2004〕66 号），初步规定了信息安全等级保护工作的指导思想、原则、要求。该通知将信息和信息系统的安全保护等级划分为五级，第一级为自主保护级；第二级为指导保护级；第三级为监督保护级；第四级为强制保护级；第五级为专控保护级。需要特别指出的是，66 号文中的分级主要是从信息和信息系统的业务重要性及遭受破坏后的影响出发的，是系统从应用需求出发必须纳入的安全业务等级，而不是 GB 17859—1999 中定义的系统已具备的安全技术等级。

2007 年，公安部、国家保密局、国家密码管理局、国务院信息化工作办公室联合发布《信息安全等级保护管理办法》，更加系统地规定了信息安全等级保护制度，也正式规定了我国对于所有非涉密信息系统采用等级保护标准的要求。涉及国家秘密的信息系统也以不低于等级保护三级的标准进行设计和建设。

以《信息安全技术　信息系统安全等级保护基本要求》（GB/T 22239—2008）和《信息安全技术　信息系统安全等级保护定级指南》（GB/T 22240—2008）的发布为标志，等级保护制度正式进入标准体系建设的阶段。截至 2014 年，已经发布了 80 余份相关的等级保护国家标准，还有更多的行业标准在制定之中。

2016 年 11 月发布的《网络安全法》第二十一条明确指出"国家实行网络安全等级保护制度"，正式宣告在网络空间安全领域，我国将等级保护制度作为基本国策。同时，也正式将针对信息系统的等级保护标准变更为针对网络安全的等级保护标准。

2017 年 8 月，公安部信息安全等级保护评估中心根据国家互联网信息办公室和信安标委的意见，将等级保护在编的五个基本要求分册标准进行了合并，形成《网络安全等级保护基本要求》。

2019 年 5 月 13 日，国家市场监督管理总局召开新闻发布会，正式发布《信息安全技术　网络安全等级保护基本要求》（GB/T 22239—2019）、《信息安全技术　网络安全等级保护测评要求》（GB/T 28448—2019）、《信息安全技术　网络安全等级保护安全设计技术要求》

（GB/T 25070—2019）等国家标准，使得等级保护工作进入一个新的阶段，俗称"等保2.0"阶段。

2. 等级保护标准体系

等保2.0对定级指南、基本要求、实施指南、测评过程指南、测评要求、设计技术要求等标准进行修订和完善，更好地满足新形势下等级保护工作的需要。等保2.0阶段主要包括以下标准。

（1）《计算机信息系统 安全保护等级划分准则》（GB 17859—1999）：根据该标准，计算机系统安全保护能力分为五个等级，即用户自主保护级、系统审计保护级、安全标记保护级、结构化保护级和访问验证保护级。

标准定义了信息系统安全保护等级的划分，并要求计算机系统安全保护能力随安全保护等级的提高而逐渐增强。

（2）《信息安全技术 网络安全等级保护实施指南》（GB/T 25058—2019）：该标准于2019年8月30日正式发布，2020年3月1日正式实施，是等级保护2.0系列标准中的核心标准之一。该标准针对等级保护工作如何实施提出了具体的方法和流程，并给出了可操作性的技术方法指导，定义了等级保护实施工作中不同角色的职责，也给出了不同阶段的具体工作及可参考的技术标准，为信息系统运营、使用单位落实等级保护工作提供了良好的指导。

（3）《信息安全技术 网络安全等级保护定级指南》（GB/T 22240—2020）：该标准主要介绍等级保护工作中最基础的工作，保护对象定级的流程及方法。由于新技术、新业务形态（云计算、物联网、移动互联技术、大数据）的出现，原有的标准GB/T 22240—2008已经不再适应信息系统的现状，重新修订后的标准替代了GB/T 22240—2008。

（4）《信息安全技术 网络安全等级保护基本要求》GB/T 22239—2019：该标准同样是原有标准的更新和替代，标准根据保护对象的安全保护等级，提出了差距测评、建设整改的要求，该标准分为安全通用要求和安全扩展要求，其中安全扩展对云计算、物联网、移动互联、工业控制系统等新技术领域，根据应用安全需求提出了相应的要求。该标准是等级保护标准体系中非常重要的一个标准，所有网络运营者、安全服务提供商、测评机构、第三方监管机构、安全产品厂商等都是依据该标准进行信息系统的建设、检查和测评。

（5）《信息安全技术 网络安全等级保护安全设计技术要求》（GB/T 25070—2019）：该标准是GB/T 25070—2010的更新和替代，给出了信息系统根据安全保护等级进行建设和整改的方法和过程指导。

（6）《信息安全技术 网络安全等级保护测评要求》（GB/T 28448—2019）：该标准是GB/T 28448—2012的更新和替代，分别针对基本要求的每个级别、每个类和控制点讲述如何测评和评判符合程度。

（7）《信息安全技术 网络安全等级保护测评过程指南》（GB/T 28449—2018）：该标准是GB/T 28449—2012的更新和替代，主要作用是指导测评时的过程和方法。

1.3.5 道德约束与职业道德准则

1. 道德的概念

道德通常意义上是指一定社会或阶级用以调整人们之间利益关系的行为准则,也是评价人们行为善恶的标准。

古希腊哲学家苏格拉底提出,如果一个人想获得自我认识,就必须意识到与他的存在相关的每一个事实及其背景。他假设,如果人们知道什么是正确的,自然会做出好的事情,邪恶行为是无知的结果。如果犯罪者真正意识到行为的后果,就不会承诺甚至不考虑去实施这些邪恶的行为。因此,道德本身会受到知识的影响,道德的遵循与自身的教育密切相关。

亚里士多德提出了一个可称为"良性"的道德体系。在亚里士多德看来,当一个人按照美德行事时,这个人就会行善并且感到满足。基于此理论,国际上出现了"道德黑客"一词,指具有社会责任、行善、依据美德利用自己技术的黑客。

对于道德而言,在不同的时代、不同的地域有不同的观点,因此道德通常很难直接以"是或否"来判定。同样的行为在特定时间、特定区域可能是违反道德的,但是在另外的时间或地点可能就是合理的行为。

道德和法律之间往往是一线之隔,二者之间的差异通常表现在如下方面。

(1)尽管道德也可以按需分类,但不具有法律那样严谨的结构体系,而法律是国家意志的统一体现,有严密的逻辑体系,有不同的等级和效力。

(2)道德的内容主要存在于人们的道德意识中,表现于人们的言行上,不道德行为的后果是自我谴责和舆论压力,是一种"软约束"。法律都是以文字形式表现出来,对违法犯罪的后果有明确规定,是一种"硬约束"。通常意义而言,违反道德的行为不一定违法,但是违法行为往往会触犯道德的底线。

(3)道德是法律的基础,法律是道德的延伸;道德规范约束范围广,法律约束范围相对较小;道德规范具有人类共同的特性,法律具有国家地区特性;科学的法律应和道德规范保持一致。

2. 计算机职业道德准则

专业人员在为公众提供服务时如何使用自己掌握的知识被视为道德问题,也被称为职业道德。职业道德是涵盖了个人和企业行为的准则,最早的例子之一就是医生今天仍然坚持的希波克拉底誓言。

网络安全知识是把双刃剑,既可以维护信息系统的业务连续性,又可能会破坏计算机信息系统。从事网络安全工作的人员更需要遵守一种职业道德准则,来规范自己如何使用已掌握的技术影响当前社会,并承担职业所赋予的责任和义务。这不仅是为了服务对象的利益,也是为了从事这个职业的人的利益。计算机道德的概念起源于 20 世纪 40 年代,麻省理工学院教授、美国数学家兼哲学家诺伯特·维纳在 1948 年的《控制论》一书中讨论了计算机这个新领域及其相关的道德问题,并在 1950 年出版的《人有人的用处》中深入探讨了围绕信息技术的道德问题，由此奠定了计算机道德的基础。

各种国内和国际专业团体和组织均制作了道德规范文件，为计算机专业人员和用户提供基本的行为准则。

1）美国计算机学会（ACM）职业伦理守则

ACM 是世界上最早制定职业行为伦理守则的协会之一。1992 年，ACM 就公布了职业伦理守则《美国计算机协会职业行为伦理守则》，其后经过多次修订。ACM 伦理守则共分四个部分，24 条内容。

2）英国计算机学会（BCS）伦理守则

BCS 伦理守则共分 4 部分，17 项条款。第 1 部分关注社会公众利益，提出相关规定；第 2 部分说明持续发展专业能力并保证诚信；第 3 部分说明在组织和个人工作中遵守的道德规范；第 4 部分阐述保持并提高个人的职业声誉。

3）澳大利亚计算机学会（ACS）伦理守则

ACS 伦理守则共有 10 部分，46 条要求，分别是维护职业声誉与尊严、成员的职业行为、价值和理想、行为标准、优先权、能力、诚实、社会相关的责任、职业发展和信息技术职业。ACS 伦理守则是一个十分详细的职业伦理守则，涵盖了职业道德规范的方方面面。

4）计算机伦理十诫（摩西十诫）

➢ 你不应当用计算机去伤害他人。

➢ 你不应当干扰他人的计算机工作。

➢ 你不应当偷窥他人的文件。

➢ 你不应当用计算机进行偷盗。

➢ 你不应当用计算机作伪证。

➢ 你不应当使用或复制你没有付过钱的软件。

➢ 你不应当未经许可而使用他人的计算机资源。

➢ 你不应当盗用别人的智力成果。

➢ 你应当考虑你所编制的程序的社会后果。

➢ 你应当用深思熟虑和审慎的态度来使用计算机。

3. 注册信息安全专业人员职业道德准则

作为国家注册信息安全专业人员（CISP），应该遵循其应有的道德准则，中国信息安全测评中心为 CISP 持证人员设定了职业道德准则。

1）维护国家、社会和公众的信息安全

（1）自觉维护国家信息安全，拒绝并抵制泄露国家秘密和破坏国家信息基础设施的行为。

（2）自觉维护网络社会安全，拒绝并抵制通过计算机网络系统谋取非法利益和破坏社会和谐的行为。

（3）自觉维护公众信息安全，拒绝并抵制通过计算机网络系统侵犯公众合法权益和泄露个人隐私的行为。

2）诚实守信，遵纪守法

（1）不通过计算机网络系统进行造谣、欺诈、诽谤、弄虚作假等违反诚信原则的行为。

（2）不利用个人的信息安全技术能力实施或组织各种违法犯罪行为。

（3）不在公众网络传播反动、暴力、黄色、低俗信息及非法软件。

3）努力工作，尽职尽责

（1）热爱信息安全工作岗位，充分认识信息安全专业工作的责任和使命。

（2）为发现和消除本单位或雇主的信息系统安全风险做出应有的努力和贡献。

（3）帮助和指导信息安全同行提升信息安全保障知识和能力，为有需要的人谨慎负责地提出应对信息安全问题的建议和帮助。

4）发展自身，维护荣誉

（1）通过持续学习保持并提升自身的信息安全知识。

（2）利用日常工作、学术交流等各种方式保持和提升信息安全实践能力。

（3）以 CISP 身份为荣，积极参与各种取证后活动，避免任何损害 CISP 声誉形象的行为。

1.4 信息安全管理

现今的社会，组织机构的正常运行已经高度依赖信息系统，信息系统所承载的信息和服务的安全性已经关系到组织机构的业务是否能正常运转，任何在保密性、完整性和可用性等方面的缺陷，都可能给组织机构带来重大的影响。信息安全技术是信息安全控制的重要手段，许多信息系统的安全保障都要依靠技术手段来实现，但只有安全技术还不够，要让安全技术发挥应有的作用，必然要有适当的管理程序的支撑。如果说安全技术是信息安全体系的构筑材料，那么信息安全管理就是黏合剂和催化剂，只有将有效的安全管理从始至终地贯彻落实到信息系统建设的方方面面，信息安全的长期性和有效性才能有所保证。

1.4.1 信息安全管理基础

1. 信息

信息是一种资产，与其他重要的业务资产一样，对组织业务必不可少，因此需要得到适当的保护。信息的价值可从企业视角、用户视角和攻击者视角三个层面来看待。

1）企业视角

作为企业，首先关注的是信息对组织业务连续性产生的影响，但是随着全球立法机制的发展，更多的时候，企业收集的公民信息成为重要的保护难题。

传统的企业信息保护中，知识产权与财务信息保护是组织保护的重点，但由于互联网的快速发展，信息触发的舆情问题使得组织越发关注组织无形资产受损所导致的直接经济损失和间接经济损失。企业内部管理的信息保护成为新的需求。

2）用户视角

互联网的快速发展使得用户在各种信息系统的使用过程中形成了大量的数据，组织管理不善（来自外部的入侵、内部人员非法窃取）可能导致大量包含用户信息的数据泄露，而大数据技术的应用也可能使得信息系统使用过程中产生的公开数据、残余数据被用于对用户进行"画像"，这些数据是社会工程学利用的重要来源，最终导致用户的自身利益（如肖像权、隐私权、知情权等）受损。因此，用户在选择服务时，安全性已经成为必不可少的考虑因素之一。

3）攻击者视角

组织机构更强调针对生产、经营所形成的信息安全问题，但是攻击者更关注如何利用信息和何种信息可以被利用的问题。组织机构可能不关注的信息，如拓扑图、内部的通讯录、学习材料等，在攻击者眼里却是非常有价值的资料，可被用于获取更大的利益。

从攻击者角度而言，不起眼的信息可能具备极高的价值，这使得组织机构对信息的控制越来越难。

2. 信息安全管理

管理就是针对特定对象、遵循确定原则、按照规定程序、运用恰当方法、为了完成某项任务并实现既定目标而进行的计划、组织、指导、协调和控制等活动。对现代企业和组织来说，管理对其业务正常运行起着举足轻重的作用。

管理体系使用资源框架来实现组织的目标。管理体系包括组织结构、政策、计划活动、责任、实践、程序、流程和资源。管理体系建立在风险评估和合规性的基础上，组织不仅要考虑遵守外部的法律法规，同时也要符合行业规定，使得组织的管理始终走在一条正确的道路上。

信息安全管理是组织完整的管理体系中的一个重要环节，它构成了信息安全具有能动性的部分，是指导和控制组织关于信息安全风险相互协调的活动，其针对对象就是组织的信息资产。信息安全管理的前提是有效管理组织的信息资产，通过对资产的有效识别和授权使用促进对当前组织目标的持续改进和调整，并保证资产的保密性、完整性和可用性得到有效的保障。

> 体系化的管理通常建立在组织业务战略之上，管理的最终目标是实现组织业务连续性的保障，因此，信息安全管理首先要满足客户和其他利益相关者的信息安全要求。

> 通过管理改进组织的计划和活动，使得组织的管理水平能够在不断的管理活动过程中通过检查和纠正得到螺旋式上升。

> 组织的安全目标是信息安全管理要考虑的重要因素，不同的行业、相同的行业不同的组织甚至相同的行业相同的组织由于业务差异化，所形成的信息安全目标可能截然不同，因此建立的信息安全管理体系符合组织的信息安全目标是整个体系的关键所在。

3. 信息安全管理的作用

1）信息安全管理是组织整体安全管理的重要、固有组成部分

当前信息安全问题已经成为组织业务正常运营和持续发展的最大威胁。信息安全问题本质上是人的问题，单凭技术是无法实现从"最大威胁"到"最可靠防线"转变的。实现信息安全

是一个多层面、多因素的过程，也取决于制定信息安全方针、策略、标准、规范，建立有效的监督审计机制等多方面非技术性努力。如果组织想当然地制定一些控制措施和引入某些技术产品，难免存在挂一漏万、顾此失彼的问题，使信息安全这只"木桶"出现若干"短板"，从而无法真正提高信息安全水平。理解并重视管理对于信息安全起着关键作用，制定适宜的、易于理解、方便操作的安全策略，对实现信息安全目标，进而实现业务目标至关重要。组织建立一个管理框架，让好的安全策略在这个框架内实施，并不断得到修正，才可能为业务的正常持续运作提供可靠的信息安全保障。组织应该将信息安全管理与生产安全管理、财务安全管理、安全保卫管理等一起构成组织整体安全管理。

2）信息安全管理是信息安全技术的融合剂，保障各项技术措施能够发挥作用

解决信息安全问题，成败通常取决于两个因素，一个是技术，另一个是管理。安全技术是信息安全控制的重要手段，但只有安全技术不行，要让安全技术发挥应有的作用，必然要有适当的管理程序，否则，安全技术只能趋于僵化和失败。技术和产品是基础，管理才是关键。技术和产品要通过管理的组织职能才能发挥最佳作用。技术不高但管理良好的系统远比技术高超但管理混乱的系统安全。只有将有效的安全管理从始至终贯彻落实于安全建设的方方面面，信息安全的长期性和稳定性才能有所保证。从根本上说，信息安全是个管理过程，而不是技术过程。人们常说，"三分技术，七分管理"，可见管理对信息安全的重要性。

强调信息安全管理，并不是要削弱信息安全技术的作用，开展信息安全管理要处理好管理和技术的关系，应该强调"技管并重"。"坚持管理与技术并重"是我国加强信息安全保障工作的主要原则之一。

3）信息安全管理能预防、阻止或减少信息安全事件的发生

统计结果显示，在所有信息安全事故中，只有20%～30%是由于攻击者入侵或其他外部原因造成的，70%～80%是由于内部员工的疏忽或有意泄密造成的。现实世界里大多数安全事件的发生和安全隐患的存在，与其说是技术原因，不如说是管理不善造成的。因此，防止发生信息安全事件不应仅从技术着手，更应加强信息安全管理。安全不是产品的简单堆积，也不是一次性的静态过程，它是人员、技术、操作三者紧密结合的系统工程，是不断演进、循环发展的动态过程。

4. 信息安全管理对组织机构的价值

（1）对组织内，信息安全管理能够实现：

➢ 保护关键信息资产和知识产权，维持竞争优势。

➢ 在系统受侵袭时，确保业务持续开展并将损失降到最低程度。

➢ 建立起信息安全审计框架，实施监督检查。

➢ 建立起文档化的信息安全管理规范，实现有法可依，有章可循，有据可查。

➢ 强化员工的信息安全意识，建立良好的安全作业习惯，培育组织的信息安全企业文化。

➢ 按照风险管理的思想建立起自我持续改进和发展的信息安全管理机制，用最低的成本达到可接受的信息安全水平，从根本上保证业务的持续性。

（2）对组织外，信息安全管理能够实现：

> 使各利益相关方对组织充满信心。
> 帮助界定外包时双方的信息安全责任。
> 使组织更好地满足客户或其他组织的审计要求。
> 使组织更好地符合法律法规的要求。
> 提高组织的公信度（若通过 ISO 27001 认证）。
> 明确要求供应商提高信息安全水平，保证数据交换中的信息安全。

1.4.2　信息安全管理体系建设

1. 什么是信息安全管理体系

信息安全管理体系（ISMS）是组织整体管理体系的一个部分，是组织在整体或特定范围内建立信息安全方针和目标，以及完成这些目标所用方法的体系。

ISMS 由组织共同管理的政策、程序、指导方针和相关资源与活动组成，旨在保护组织的信息资产。基于对业务风险的认识，ISMS 用一种系统化的方法，建立、实施、运营、监控、审查、维护和改进等一系列的管理活动，使组织实现业务目标。它基于风险评估和组织的风险接受水平，旨在有效处理和管理风险。

通俗意义所讲的 ISMS 是指以 ISO/IEC 27001 为代表的一套成熟的标准族。经过各方对标准的不断改进、演化，从 BS 7799（10 个控制类，147 个控制点）开始，一直到现行的 ISO/IEC 27001:2013（14 个控制类，113 个控制点）。信息安全管理体系的本质就是风险管理，因此，信息安全管理体系首先要对风险进行客观的识别和评价。

2008 年，我国 GB/T 22080—2008 等同采用（IDT）ISO/IEC 27001:2005，实现了我国的信息安全管理体系认证体系建设。2016 年，国家标准化管理委员会发布了等同采用（IDT）ISO/IEC 27001:2013 的 GB/T 22080—2016，同步了国际信息安全管理体系标准。

2. 为什么需要信息安全管理体系

信息安全问题从信息系统攻击和防护角度来看严重不对称。从攻击角度来看，只需攻其一点，成功攻击相对容易。但是从防御角度来看，成功防御所有攻击在技术领域和经济领域均是不可能实现的。信息安全保障的特征说明，信息安全是动态的、无边界的，不可能存在一种或多种安全技术组合能够成功防御各种攻击。同时，针对某些特定攻击，从需要投入的资源（人、财、物）衡量，要实现防护是不可接受的。

根据木桶原理，一个木桶能装多少水取决于最短的木板。组织机构的信息安全管理水平取决于管理中最薄弱的环节，而以体系化的方式实施信息安全管理能有效地避免出现管理的短板。

3. 信息安全管理体系成功的因素

信息安全管理体系是一个自上而下的管理过程，GB/T 29246—2017（ISO/IEC 27000:2016，

IDT）中描述了信息安全管理体系成功的主要因素：

> 制定信息安全策略、目标并实施与达成目标一致的活动。
> 与组织文化一致的信息安全设计、实施、监视、保持和改进的方法与框架。
> 来自所有管理层级、特别是最高管理者的可见支持和承诺。
> 对应用信息安全风险管理（见 ISO/IEC 27005）实现信息资产保护的理解。
> 有效的信息安全意识、培训和教育计划，使所有员工和其他相关方知悉其在信息安全策略、标准等中的信息安全义务，并激励他们做出相应的行动。
> 有效的信息安全事件管理过程。
> 有效的业务连续性管理方法。
> 评价信息安全管理性能的测量系统和反馈的改进建议。

组织首先必须认识到信息安全对组织的必要性。信息安全关联着组织的业务命脉，在现代高度依赖信息化发展的产业链中，没有信息安全就没有成功的企业，知识产权盗窃、用户敏感信息泄露、组织信息系统遭到勒索或拒绝服务攻击，无一不对组织业务产生致命的影响，因此，认识信息安全的必要性是信息安全管理体系的首要工作。

信息安全不是一个部门的工作，也不是某个人的职责，信息安全应该贯穿于整个组织，每个成员都需要承担相关的义务和责任，通过组织的工作职能有机地分配安全责任，形成有效的问责机制，成为信息安全管理体系成功的另一因素。

高层承诺是指组织的最高领导应该成为信息安全工作的第一责任人，通过提供适当的人力、物力、财力支持信息安全管理体系的建设，并签署发布顶层管理文件，委任管理者代表具体实施有关信息安全在组织中的相关决策。通过独立的审计向利益相关方陈述有关信息安全管理体系的推动为组织带来的价值和意义。

信息安全不仅能够预防事件的发生，更能提高组织在开展业务中带来的信任。随着互联网产业的不断发展，组织所面临的安全问题日益严重。如何通过信息安全工作提升组织的无形资产价值，满足日益增强的全球信息安全管控要求成为组织的一个新课题。

信息安全管理就是风险管理，因此，信息安全控制措施的本质就是风险处置。组织通过从客观的风险评估中所发现的不可接受风险建立相应的控制措施，将预防性、检测性、纠正性三种预防技术有机结合，形成组织的整体信息安全控制。

信息系统与安全的"同步规划、同步建设、同步使用"已经被立法约束。信息安全已经成为组织信息化发展的基本要素。预防和及时响应事件成为组织的当务之急。暴露时间越短，组织受到的影响越小，将有效的管理和技术相结合，尽可能地缩短检测时间和响应时间，成为组织减少安全隐患所带来损失的重要举措。

安全不是一劳永逸的，持续的风险评估是构成持续的安全保障的重要机制。在动态的安全下，通过风险再评估来不断推动信息安全管理体系的螺旋式上升。

4. 信息安全管理体系建设过程方法

组织需要识别和管理许多活动，以便有效和高效地运作。任何使用资源的活动都需要进行管理，以便使用一系列相互关联或相互作用的活动将输入转换为输出，这也称为一个过程。一个过程的输出可以直接形成另一个过程的输入，通常这种转换是在计划和控制的条件下进行的。组织内部流程系统的应用以及这些流程的识别、交互及其管理可以称为"过程方法"。

　　信息安全管理体系采用通用的 PDCA（Plan-Do-Check-Act 或者 Plan-Do-Check-Adjust）过程方法。PDCA 过程方法也被称为戴明环，由美国质量管理专家戴明博士首先提出。PDCA 是管理学中常用的一个过程模型，该模型在应用时，按照 P-D-C-A 的顺序依次进行，一次完整的 PDCA 过程可以看成组织在管理上的一个周期，每经过一次 PDCA 循环，组织的管理体系都会得到一定程度的完善，同时进入下一个更高级的管理周期。通过连续不断的 PDCA 循环（见图 1-5），组织的管理体系能够得到持续的改进，管理水平将随之不断提升。

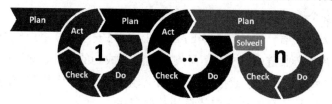

图 1-5　PDCA 循环

　　各级质量管理都有 PDCA 循环，形成一个大环套小环、一环扣一环、互相制约、互为补充的有机整体。在 PDCA 循环中，一般来说，上一级循环是下一级循环的依据，下一级循环是上一级循环的落实和具体化。

　　每个 PDCA 循环都不是在原地周而复始运转，而是像爬楼梯那样不断提升，每一循环都有新的目标和内容，这意味着质量管理经过一次循环解决了一批问题，质量水平有了新的提高，如图 1-6 所示。

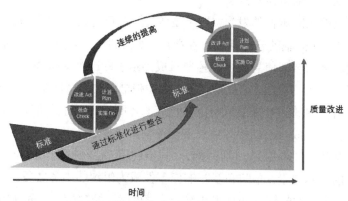

图 1-6　PDCA 过程方法

　　PDCA 循环的四个阶段和管理模式体现着科学认识论的一种具体管理手段和一套科学的工作程序。PDCA 管理模式的应用对提高日常工作的效率有很大的益处，它不仅可用在质量管理工作中，也适合于其他各项管理工作。

　　在 ISO/IEC 27001:2013 中定义了 PDCA 过程方法四个阶段的主要工作，如图 1-7 所示。

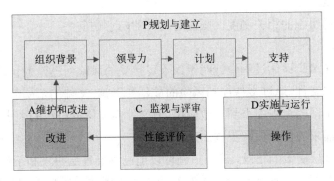

图 1-7 ISMS 体系建设中的 PDCA 过程方法

5. 文档化与文件管理

信息安全管理体系是建立在文档化基础之上的,信息安全管理体系文件的建立和管理遵从质量管理体系文件规范和要求。体系化文件结构如图 1-8 所示。

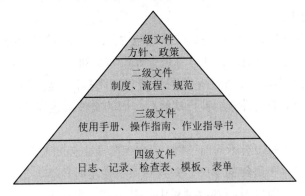

图 1-8 体系化文件结构

管理体系的文档化分为文件和记录两部分。文件是管理体系审核的依据,记录是管理体系审核的证据。因此,两者都需要得到妥善的使用和保存。文档和记录可以是任何形式或任何介质。层次化的文件结构是构成管理体系的重要内容之一,文件通常分为四个层级。

一级文件:由高级管理层发布,适用于整个组织所有成员及外部相关的第三方机构与人员,组织成员只有充分理解组织的宏观信息安全管理战略,才能更好地遵循下一级文件的执行。

二级文件:由组织管理者代表签署发布,该文件针对组织宏观战略提出的目标建立组织内部的"法"。组织成员必须遵守该级别文件,通过文件来约束员工的行为,以确保组织战略得到有效的贯彻和落实。二级文件发布范围通常在组织内部。

三级文件:该级别文件包括员工具体执行所需的手册、指南和作业指导书,因此,该级别文件应针对具体的岗位和角色建立、发布和落实。要求每一个成员都能依据文件来建立使用,并在执行过程中形成充分的记录。

四级文件:为了有效支撑文件的执行,文件必须包含记录,四级文件是对整个组织所形成的检查列表、表单、日志等记录性文件建立归类,每个文件理论上都应该形成相应的记录,因此,四级文件也是通常所说的审核证据。由于四级文件中可能记录组织敏感信息,因此对四级文件的调阅需要遵循组织的相关制度，限制对文件的随意访问。

1）文件的建立

文件的建立是在风险评估过程中针对组织不可接受的风险而创建的管理约束，只在有风险的地方才需要建立文件，通过文件控制风险的蔓延和影响。文件的范围因组织的不同而不同，同样的文件很难在不同的组织中得到有效应用，而文件需要依据组织的大小、业务活动的类型、被管理系统及安全需求的复杂性和范围而建立。

文件应包括管理层决策的记录，确保措施可以追溯到管理层决策和策略，确保记录结果是可重复的，重要的是能够证明所选择的控制措施与风险评估和风险处理过程的结果之间的关系，可以追溯到信息安全管理策略和目标。

2）文件的批准与发布

文件的批准与发布因文件的层级不同而不同，高层领导负责签署并发布组织宏观战略文件，通过领导力强制其在组织内部执行。文件的发布必须得到批准，以确保文件的充分性。

3）文件的评审与更新

文件必须获得持续的更新，在动态的安全风险中，组织随着管理的变更、业务的变更、技术的变更等一系列的变更，需要对文件体系进行评审和更新。更新应该是定期的（通常每年一次），也可以在组织认为出现重大变更后执行更新。文件更新后需要由信息安全相关领导组织进行评审，只有通过评审的文件才能被再次执行，旧的文件被废弃。

4）文件保存

文件的保存根据文件的层级不同而不同，应确保需要文档的人可以获得有效文档，根据文件的分类进行传输、存储和最终的销毁，并且确保在使用时可获得适用文件的有关版本。文件需要保持清晰、易于识别以及在发放过程中得到控制，防止不当的发布导致组织敏感信息的泄露。

5）文件作废

防止作废文件的非预期使用；文件在更新后应该销毁旧版本文件，如果因为其他因素需要保留，需要对这些文件进行适当的标识。

1.4.3　信息安全管理体系建设过程

1. 规划与建立

组织在规划与建立阶段确立总体战略和业务目标、规模和地域分布范围，通过对信息资产及其价值的确定、信息处理，存储和通信的业务需求以及法律、监管和合同要求等方面的理解来识别信息安全要求。

对组织的信息资产实施风险评估，评估资产面临的威胁、实施威胁的可能性和概率以及任何信息安全事件对信息资产的潜在影响，选择相关控制措施并预计相关控制支出与风险对预期业务影响是否相称。

1）组织背景

建立组织背景是建立信息安全管理体系的基础，首先应该了解组织有关信息安全的内部（人员、管理、流程等）和外部（合作伙伴、供应商、外包商等）问题，以及组织建立体系时需要解决的内部和外部问题。随着全球经济一体化的发展，任何企业都很难独立完成一个完整的产业链，因此在组织背景中，组织同样要遵循利益相关方的信息安全需求和合规性要求。

在建立信息安全管理体系时，组织应确定管理范围，可以是组织的全部，也可以是组织的一个系统、一个部门或者一个人，组织的范围依据管理的具体要求所涉及的人、事、物来建立。

建立、实施、运行、保持和持续改进应符合国际标准要求的 ISMS。

2）领导力

管理承诺是建立信息安全管理体系成功的关键因素之一，组织管理者首先应该能够充分理解和认识组织所面临的风险，在保障业务的基础上将组织战略与信息安全方针相互结合，并确保足够的人力、物力、财力的支持。

信息安全工作建立在组织的整体管理基础上，组织的每个部门都应该参与其中，如果没有高层的参与协调，这项工作将很难得到有效落实。

组织的高层方针由组织最高领导或者董事会来制定，信息安全方针通过文件的形式描述组织的宏观目标，并描述组织在业务框架下的信息安全策略要求。在信息安全方针中明确描述组织的角色、职责和权限。常见的角色遵循最小授权、知必所需、岗位轮换等原则。

3）计划

计划的建立是在风险评估基础之上，只有在组织风险不可接受时才需要建立控制计划。风险评估应客观，只有客观的风险评估才能为组织安全战略提供最具费效比的控制。组织通过选择风险评估方法确定风险评估范围、实施风险评估，并选择恰当的风险评估控制措施，控制措施可以是管理性的，也可以是技术性或者物理性的。通过有效风险评估建立一种适度安全，并将控制措施写入适用性声明（SoA）。

组织的计划必须符合组织的安全目标，层次化的计划通过层次化的文件体系反映在不同层级的组织机构中执行。安全目标与方针应可以度量并持续改进，通过持续改进实现组织信息安全的螺旋式上升。

4）支持

组织在建立信息安全管理体系中需要获得资源以建立、实施、保持和持续改进 ISMS。

资源的使用需要提供一定的权限，并对员工及相关外包人员进行适当的培训和教育，而信息安全方针作为组织信息安全指导性文件应向全员进行宣贯。组织还需要建立组织内部和外部的沟通，在信息安全管理工作中通过有效的文件推动体系的执行，并在执行过程中建立客观的记录作为审计的依据。

2. 实施与运行

通过风险评估确定所识别信息资产的信息安全风险以及处理信息安全风险的决策，形成信息安全要求。选择和实施控制措施以降低风险。控制措施需要确保风险降至可接受的水平，同时考虑国家和国际立法与条例的要求和限制、组织的安全目标、组织对操作的要求和限制。

信息安全建立在费效比的适度安全基础之上，需要考虑降低风险方面的实施和运营成本，并保持与组织的要求和限制成正比。通过实施这些措施来监测、评估和提高信息安全控制的效率和有效性，以支持组织的目标。控制的选择和实施应在适用性声明中形成文件，以协助达标要求。控制措施的实施和运行方面的投资与信息安全事件可能导致的损失之间需要取得平衡。

在系统和项目需求规格与设计阶段考虑信息安全控制，否则可能会导致额外的成本和较低效的解决方案，甚至无法实现足够的安全性。有必要认识到，一些控制措施可能不适用于每个信息系统或环境，并且可能不适用于所有组织。

有时候需要时间来实施一套选定的控制措施，在此期间，风险水平可能高于长期可以承受的水平。风险标准应该在控制措施实施的同时涵盖短期风险承受能力。应当随着控制措施的逐步实施，了解在不同时间点评价或预期的风险水平。

3. 监视和评审

组织需要根据政策和目标，通过监控和评估绩效来维护和改进 ISMS，并将结果报告给管理层进行审核。ISMS 审核将检查 ISMS 是否包含适用于在 ISMS 范围内处理风险的特定控制。此外，根据这些监测区域的记录，提供验证证据，以及纠正、预防和改进措施的可追溯性。

1）监测、测量、分析和评价

在评价信息安全性能和 ISMS 的有效性时，应该确定需要监测和测量的对象，包括信息安全过程和控制措施；选择适用的监测、测量、分析和评价方法，以确保有效的结果；确定何时、何人执行监测和测量以及对结果的分析；测量过程需要保留适当的记录信息作为监测和测量结果的证据，并形成文件。

2）内部审核

内部审核一般在计划的时间间隔进行，目的是提供信息以确定 ISMS 是否符合组织自身对信息安全管理体系的要求，是否符合相关标准的要求，是否对信息 ISMS 定期进行有效的实施和维护。在此基础上组织需要计划、建立、实施和维持审计项目，包括审计频率、方法、责任、计划要求和报告。审计过程应考虑到相关过程的重要性和以前的审计结果；正确定义审计标准和每个审计的范围；选择审核员和审核的实施，确保审核过程的客观性和公正性；审核结束后要确保审计结果报告至相关管理者，并保留记录信息作为审计项目和审计结果的证据。

3）管理评审

组织的管理者按计划的时间间隔评审组织的 ISMS，确保其持续的适宜性、充分性和有效性。在管理评审中需要包括以往管理评审行为的状态；ISMS 相关的外部和内部事件的变化；信息安全性能的反馈，包括不符合和纠正措施、监测和测量结果、审计结果和信息安全目标的实现。

评审要重视利益相关方的反馈,通过风险评估的结果和风险处置计划的状态提供持续改进的机会。

管理评审的输出应包括持续改进机会相关的决定和任何 ISMS 需要的变化。

4. 维护和改进

持续改进信息安全管理系统的目的是提高实现保护信息机密性、可用性和完整性目标的可能性。持续改进的重点在于寻求改进的机会,而不是假设现有的管理活动足够好或尽可能好。

改进行动包括不符合和纠正措施以及持续改进两个环节。

1）不符合和纠正措施

组织应该分析和评估现有情况,找出需要改进的地方;当不符合时,组织需要重现不符合,如适当采取行动控制,修正其事项并处理事项的后果;评估消除不符合原因需要的行为,通过评审不符合项、确定不符合的原因并确认有相似的不符合存在或者潜在的不符合发生的情况,以促使其不复发或不在其他地方发生。

在建立纠正措施之后,需要对改进的地方进行评审,以确定纠正行为的有效性。如果有必要,应该改变 ISMS 的政策。修正措施应该与所遇不符合效果相适合,并且在纠正过程中形成文件,以保留记录信息作为证据。

2）持续改进

必要时对结果进行审查以确定进一步的改进机会。以这种方式,改进是持续的活动,即动作频繁重复。客户和其他利益相关方的反馈、信息安全管理体系的审计和审查也可以用来确定改进的机会。组织需要持续改进 ISMS 的适宜性、充分性和有效性,定期的改进有助于组织形成信息安全管理水平的螺旋式上升。

1.4.4 信息安全管理实用规则

1. 控制措施

控制措施是指企业根据风险评估结果,结合风险应对策略,确保内部控制目标得以实现的方法和手段。控制措施的目的是改变流程、政策、设备、实践或其他行动的风险。控制可以是预防性、检测性或纠正性的。

1）预防性控制

预防性控制是为了避免产生错误或尽量减少今后的更正性活动,防止资金、时间或其他资源的损耗而采取的一种预防保证措施。预防性控制可防止不良事件的发生。例如,要求访问系统的用户提供用户 ID 和密码,以阻止未经授权的用户访问系统。从理论的角度来看,出于显而易见的原因,首先选择预防性控制。

2）检测性控制

建立检测性控制的目的是发现流程中可能发生的安全问题。被审计单位通过检测性控制,监督其流程和相应的预防性控制能否有效地发挥作用。检测性控制通常是管理层用来监督实现流程目标的控制，可以由人工执行，也可以由信息系统自动执行。例如，记录系统上执行的所有活动并允许查看日志，以在事件发生后查找不适当的活动。

3）纠正性控制

纠正性控制措施无法阻止安全事件的发生，但提供了一种系统的方式来检测何时发生了安全事件并对安全事件带来的影响进行纠正。例如，对信息系统中的数据进行备份，当发生系统故障或硬盘故障后，通过备份恢复丢失的数据。

2. 控制措施结构

在 ISO/IEC 27002:2013 中定义了控制措施的分类，每一个主要安全类别包含：一个控制目标，声明要实现什么；可被用于实现该控制目标的一个或多个控制措施。控制措施的描述结构如下：

➢ 控制措施：

定义满足控制目标的特定的控制措施的陈述。

➢ 实施指南：

为支持控制措施的实施和满足控制目标，提供更详细的信息。本指南的某些内容可能不适用于所有情况，可能无法满足组织的具体控制要求。

➢ 其他信息：

提供需要考虑的进一步的信息，例如法律方面的考虑和对其他标准的引用。如无其他信息，本项即被省略。

以下为控制措施的示例。

➢ 控制类：

信息安全方针–信息安全管理指导。

➢ 控制目标：

依据业务要求和相关法律法规提供管理指导并支持信息安全。

➢ 控制措施：

信息安全方针。信息安全方针应由管理者批准、发布并传达给所有员工和外部相关方。

➢ 实施指南：

组织应在最高层次定义信息安全方针，该方针应获得管理层批准并阐述组织管理信息安全目标的方法。

……

➢ 其他信息：

组织内部信息安全方针的需要各不相同。内部方针在大型和复杂型组织中尤其有用，在这些组织中，控制措施预期水平的定义和批准部门与控制措施的执行部门或地点相互分离。信息安全政策可以作为单一的"信息安全策略"文件或一组相关的文件。

如果信息安全方针在组织外进行分发，应注意不要泄露敏感信息。

一些组织使用其他术语定义这些策略文件，如"标准"、"导则"或"规则"。

　　ISO/IEC 27002:2013 中规定的控制措施被认为是适用于大多数组织的最佳实践，并很容易适应各种规模和复杂性的组织。ISMS 系列标准中的其他标准为信息安全管理体系的 ISO/IEC 27002:2013 控制的选择和应用提供指导。

　　组织可以根据 ISMS 所提供的控制措施进行裁剪，并且在适用性声明中阐述选择的措施以及未选择措施的原因。在 ISO/IEC 27002:2013 中，将控制措施划分为 14 个安全控制章节、35 个主要的安全类别和 113 个控制措施。14 个安全控制章节如图 1-9 所示。

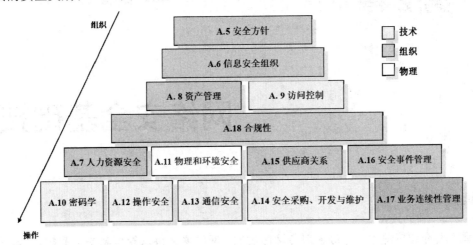

图 1-9　信息安全管理控制措施

　　信息安全通过包括方针、过程、规程、组织结构和软硬件功能在内的一系列适当的控制措施实现。在必要时，控制措施需要建立、实施、监视、审查和改进，以确保其满足组织特性的安全和业务目标。

　　控制措施可以来自 ISO/IEC 27002:2013 标准或其他控制集合，或适当时针对特殊的要求设计新的控制措施。

　　控制措施的选择取决于组织决策，该决策的建立基于风险接受标准、风险处置方案、组织应用的通用风险管理方法；控制措施的选择也必须遵守所有相关的法律法规。同时，控制措施的选择也取决于控制措施之间的相互作用，以提供纵深防御的方式。

第 2 章

网络安全基础技术

▌ 阅读提示

本章主要介绍密码学、身份鉴别与访问控制、网络安全协议等信息安全基础技术，并介绍了新技术领域的安全基础知识。通过学习，读者应理解密码学对信息安全的支撑作用及典型的密码学应用等知识，了解身份鉴别的作用、主要的鉴别方式及访问控制等基本概念，了解 TCP/IP 安全架构与安全协议基础知识。

2.1 密码学基础

2.1.1 密码学基本概念

密码学是一门古老又现代的学科。几千年前，它作为兼具神秘性和艺术性的字谜呈现，而现代密码学，作为数学、计算机、电子、通信、网络等领域的一门交叉学科，广泛应用于军事、商业和现代社会人们生产生活的方方面面。随着密码学的不断发展，密码学逐步从艺术走向科学，并成为构建安全信息系统的核心。

1. 密码学的发展历史

1）古典密码阶段

古典密码阶段是指从密码的产生到发展为近代密码之间的这段时期密码的发展历史，在这个阶段，人类有众多的密码实践，典型的范例是著名的凯撒密码。凯撒密码由古罗马军事统帅盖乌斯·尤利乌斯·凯撒在两千多年前发明，用于保护在军队中传递的重要信息。凯撒密码采用位移加密手段，通过位移对字符进行加密，规则相当简单。例如建立 26 个英文字母位移三位的对比表，如表 2-1 所示。

表 2-1　凯撒密码位移加密规则对照表

明文字母	A B C D E F G H I J K L M N O P Q R S T U V W X Y Z
密文字母	D E F G H I J K L M N O P Q R S T U V W X Y Z A B C

按照此对比表，当要发送的消息为 ATTACK NOW 时，加密的消息为 DWWDFN QRZ。凯撒密码的破解非常简单，只要知道加密规则即可。此阶段的密码学依赖于算法，只要知道算法，就能对加密信息进行破解。因此，古典密码阶段还不能将密码学称为一门科学，此时的密码学是多半具有艺术特征的字谜，这一时期的密码专家常常靠直觉、猜测和信念来设计、分析密码，而不是凭借推理和证明。密码算法的基本手段是针对字符的替代和置换。

20 世纪 20 年代，随着机械和机电技术的成熟，电报和无线电安全需求引发了密码设备的一场革命，转轮密码机（简称转轮机）诞生了。转轮机的出现是古典密码学发展成熟的重要标志之一。尽管转轮机的出现为密码学应用带来了巨大的变化，但是密码算法的安全性仍然取决于密码算法本身的保密。

2）近代密码阶段

计算机和通信系统的普及带动了对数字信息的保护需求。1949 年，香农（Shannon）发表了划时代的论文——《保密系统的通信理论》，将创立的信息论的概念和方法进一步进行了发展，并阐明了关于密码系统的分析、评价和设计的科学思想。该论文把已经有数千年历史的密码学引导到科学的轨道上，奠定了密码学的理论基础。密码学由此进入近代密码阶段，开始成为一门科学。

3）现代密码阶段

现代密码阶段自 1976 年开始，迪菲（W.Diffie）和赫尔曼（M.E.Hellman）公布了一种密钥一致性算法，也就是 Diffie-Hellman（DH）算法。DH 算法不是一种加密算法，而是一种密钥建立的算法，它开启了密码学的新方向，具有里程碑意义，引发了密码学历史上一次革命性的变革，标志着密码学进入公钥密码学的时代。密码学由此进入了现代密码阶段并一直发展至今。

2. 基本保密通信模型

密码学包括密码编码学和密码分析学两部分。密码编码学主要研究信息的编码，构建各种安全有效的密码算法和协议，用于消息的加密、认证等方面。密码分析学主要研究密码的破译，从而获得消息，或对消息进行伪造。

传统的密码学主要用于保密通信，其基本目的是使得两个在不安全信道中通信的实体，以一种使其对手不能明白和理解通信内容的方式进行通信。而现代密码技术及应用已经涵盖数据处理过程的各个环节，如数据加密、密码分析、数字签名、身份识别、零知识证明、秘密分享等。通过以密码学为核心的理论与技术保证数据的机密性、完整性、抗抵赖等安全属性。

基本保密通信模型如图 2-1 所示。通信的参与者包括消息发送方和消息接收方，潜在的密码分析者是在双方通信中既非发送方又非接收方的实体,它试图通过种种方式对发送方和接收方之间的安全服务进行攻击,获取或篡改传输的消息。发送方要传递消息(明文)给接收方,使用事先和接收方约定好的方法,用加密密钥加密消息,当接收方接收到加过密的消息(密文)后,使用解密密钥将密文解密成明文。

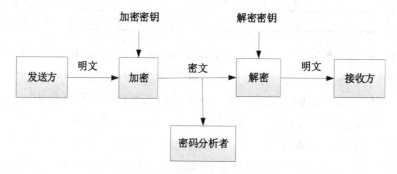

图 2-1   基本保密通信模型

基本保密通信模型中的相关概念介绍如下。

(1)明文:不需要任何解密工具就可以读懂内容的原始消息。

(2)密文:明文经加密后变换成的一种在通常情况下无法读懂内容的信息。

(3)加密:由明文到密文的变换过程。

(4)解密:从密文到明文的变换过程。

(5)加/解密算法:对明文进行加密时采取的一组规则称作加密算法,密文的接收方对密文进行解密时采取的一组规则称为解密算法。

(6)密钥:在明文转换为密文或将密文转换为明文的算法中输入的参数。

3. 密码系统的安全性

影响密码系统安全性的基本因素包括密码算法复杂度、密钥机密性和密钥长度等。所使用密码算法本身的复杂程度或保密强度取决于密码设计水平、破译技术等,它是密码系统安全性的保证。

关于密码系统的安全性,荷兰密码学家柯克霍夫(Kerckhoffs)于 1883 年在其名作《军事密码学》中提出密码学的基本假设:密码系统中的算法即使为密码分析者所知,对推导出明文或密钥也没有帮助。这一原则已被后人广泛接受,称为柯克霍夫准则,并成为密码系统设计的重要原则之一。换言之,柯克霍夫准则是指在评定一个密码体制的安全性时,假定攻击方知道所有目前已使用的密码学方法,也无法实现对密码体系的破解。系统的保密性不依赖于对加密体制或算法的保密,而依赖于密钥。如果密码体系的安全依赖于算法,那么攻击者可能通过逆向工程分析的方法最终获得密码算法,或通过收集大量的明文/密文对来分析、破解密码算法,甚至由于实际使用过程中由多少了解一些算法内部机理的人有意或无意泄露算法原理而导致密码体系失效。

由于现代密码技术都依赖于密钥,因此密钥的安全管理是密码技术应用中非常重要的环节。只要密钥安全,不容易被攻击者得到,就能保障实际通信或加密数据的安全。密钥管理主要研究如何在不安全的环境中为用户分发密钥信息，使得密钥能够安全有效地使用，在安全策略的指导下处理密钥自产生到最终销毁的整个过程，包括密钥的产生、存储、备份／恢复、装入、分配、保护、更新、泄露、撤销、销毁等。密钥管理本身是一个很复杂的问题，而且是保证密码安全的关键。密钥管理方法因所使用的密码体制而异。

评估密码系统安全性主要有以下三种方法。

（1）无条件安全性：这种评价方法考虑的是假定攻击者拥有无限的计算资源，但仍然无法破译该密码系统。

（2）计算安全性：这种方法是指如果使用目前最好的方法攻破密码系统所需要的计算资源远远超出攻击者拥有的计算资源，则可以认为这个密码系统是安全的。

（3）可证明安全性：这种方法是将密码系统的安全性归结为某个经过深入研究的困难问题（如大整数素因子分解、计算离散对数等）。这种评估方法存在的问题是它只说明了密码系统的安全性与某个困难问题相关，没有完全证明问题本身的安全性，并给出它们的等价性证明。

对于实际使用的密码系统而言，由于至少存在一种破译方法，即暴力攻击法，因此都不能满足无条件安全性，只能达到计算安全性。密码系统要达到实际安全，就要满足以下准则之一。

（1）破译该密码系统的实际计算量（包括计算时间或费用）巨大，以至于在实际中是无法实现的。

（2）破译该密码系统所需要的计算时间超过被加密信息的生命周期。例如，战争中发起战斗攻击的作战命令只需要在战斗打响前保密。

（3）破译该密码系统的费用超过被加密信息本身的价值。

2.1.2　对称密码算法

对称密码算法也称为传统密码算法、秘密密钥算法或单密钥算法，其加密密钥和解密密钥相同，或实质上等同，即从一个易于推出另一个。在大多数对称算法中，加密密钥和解密密钥是相同的。

对称密码算法要求发送方和接收方在安全通信之前商定一个密钥，通信的安全性依赖于密钥，泄露密钥就意味着任何人都能对消息进行加/解密。如果通信需要保密，密钥就必须保密。

对称加密算法的优点是算法简单、计算量小、加密速度快、加密效率高，适合加密大量数据，明文长度与密文长度相等。它也存在一些缺点：

（1）通信双方要进行加密通信，需要通过秘密的安全信道协商加密密钥，而这种安全信道可能很难实现。

（2）在有多个用户的网络中，任何两个用户之间都需要有共享的密钥。若每两个用户分别采用不同的对称密钥，当网络中的用户数非常大时，需要管理的密钥数目非常大，随着网络规模的增大，密钥管理成为难点。

（3）无法解决对消息的篡改、否认等问题。例如，当主体 A 收到主体 B 的电子文档（电子数据）时，无法向第三方证明此电子文档确实来源于 B。

典型的对称密码算法包括 DES、IDEA、AES、RC5、Twofish、CAST-256、MARS 等。

2.1.3 非对称密码算法

非对称密码算法也称为公钥密码算法。针对传统对称密码体制存在的诸如密钥分配、密钥管理和没有签名功能等局限性，1976 年 W. Diffie 和 M.E. Hellman 提出了非对称密码（公钥密码）的新思想，即加密密钥和解密密钥不同，从一个很难推出另一个。非对称密码体系的密钥由公开密钥（公钥）和私有密钥（私钥）组成，公钥与私钥成对使用，如果用公钥对数据进行加密，只有用对应的私钥才能解密；如果用私钥对数据进行加密，那么只有用对应的公钥才能解密。因为加密和解密使用的是两个不同的密钥，所以这种算法叫作非对称加密算法。

与对称密码体制不同，公钥密码体制是建立在数学函数的基础上，而不是基于替代和置换操作。在公钥密码系统中，加密密钥和解密密钥不同，由加密密钥推导出相应的解密密钥在计算上是不可行的。系统的加密算法和公开密钥可以公开，只有私有密钥需要保密。用户和其他 N 个人通信，只需要获得 N 个公开的密钥（公钥），每个通信方保管好自己的私有密钥（私钥）即可，这种方式极大地简化了密钥管理。公钥密码体制除了可以用于密钥分发，还能提供数字签名等其他服务。

迄今为止，人们已经设计出许多公钥密码体制，如基于背包问题的 Merkle-Hellman 背包公钥密码体制、基于整数因子分解问题的 RSA 和 Rabin 公钥密码体制、基于有限域中离散对数问题的 ElGamal 公钥密码体制、基于椭圆曲线上离散对数问题的椭圆曲线公钥密码体制等。

公钥密码算法克服了对称密码算法的缺点，解决了密钥传递的问题，大大减少了密钥持有量，并且提供了对称密码技术无法或很难提供的认证服务（如数字签名），其缺点是计算复杂、耗用资源大，并且会导致密文变长。

关于公钥密码，有以下几种常见的误解。

（1）公钥密码更安全。任何一种现代密码算法的安全性都依赖于密钥长度、破译密码的工作量，从抗密码分析角度评估，没有一方更优越。

（2）公钥密码算法使得对称密码算法成为过时技术。公钥密码算法计算速度较慢，加密数据的速率较低，通常用于密钥管理和数字签名。实际应用中，人们通常将对称密码和公钥密码结合起来使用，因此对称密码算法并没有过时，仍然将长期存在。

（3）使用公钥密码实现密钥分配非常简单。使用公钥密码也需要某种形式的协议，通常包含一个可信中心，其处理过程并不比传统密码的密钥分配过程简单。

2.1.4 哈希函数与数字签名

对称密码和非对称密码算法主要是针对窃听、业务流分析等形式的威胁，解决消息的机密性问题。而网络和系统还可能受到消息篡改、冒充和抵赖等形式的威胁，如何抵抗这些威胁，确保消息的完整性、真实性和不可否认性，就需要依靠其他的密码技术来实现。

1. 哈希函数

哈希函数也称单向散列函数，可以将任意有限长度信息映射为固定长度的值。哈希函数的主要作用就是通过生成的值判断信息的完整性，类似于信息的"指纹"，可以用于检测信息的完整性。因为如果信息被篡改，那么篡改后的信息与原来信息的"指纹"就不一致了，通过比对，就能判断信息是否具备完整性。如图 2-2 所示，软件在官方下载页面提供 SHA256 的散列值，当用户下载该软件后，可以使用 SHA256 软件计算下载的软件的散列值，如果该值与官方提供的一致，则可以确认下载的软件是官方提供的，没有被篡改，反之就说明该软件被篡改过，那么就需要考虑其中存在的安全风险了。

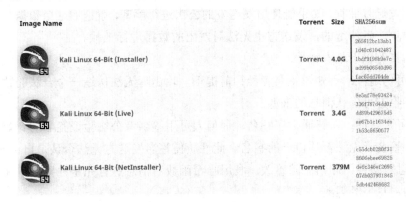

图 2-2　使用 SHA256 验证软件安全性

安全的哈希函数需要满足以下性质。

（1）单向性：对任意给定的码 h，寻求 x，使得 $H(x)=h$ 在计算上不可行。也就是说，可以由消息通过哈希函数计算出哈希值，但是不能由哈希值反向计算出消息的原始内容。

（2）弱抗碰撞性：任意给定分组 x，寻求不等于 x 的 y，使得 $H(y)=H(x)$ 在计算上不可行。也就是说，对于任意给定的信息，不能通过计算找到另外一个与该信息不一致的其他信息，两个信息计算出的哈希值是一样的。

（3）强抗碰撞性：寻求任意的 (x, y)，使得 $H(x)=H(y)$ 在计算上不可行。也就是说，不能通过计算找到两个消息，它们计算出来的哈希值是一样的。

目前在应用中广泛使用的哈希算法是 MD5 和 SHA。

MD5 算法即消息摘要算法（RFC1321），由罗纳德·李维斯特（Ronald L. Rivest）提出。该算法以一个任意长的消息作为输入，输出 128 位的消息摘要。

SHA 算法即安全哈希算法，由美国标准与技术研究所设计并于 1993 年作为联邦信息处理标准（FIPS 180）发布，包括五个算法，分别是 SHA-1、SHA-224、SHA-256、SHA-384 和 SHA-512。SHA-1 算法的输入是长度小于 2^{64} 的任意消息 x，输出 160 位的散列值。而后四个算法也通常被合称为 SHA-2 算法，与 SHA-1 算法相似，目前应用最广泛的是生成 256 位散列值的 SHA-256。SHA 算法在互联网中得到广泛的应用，TLS、SSL、PGP、SSH、S/MIME 和 IPsec 互联网安全协议中都使用 SHA 算法。

2. 数字签名

在通信的过程中，对数据进行加密、哈希可以避免第三方对数据进行窃取、篡改和破坏，但无法解决通信双方的相互攻击。通信双方可能存在欺骗或抵赖行为，如数据发送方拒绝承认发送了数据，或者拒绝承认发送的数据内容。例如，在网络转账过程中，转账方不承认自己向对方转账 1000 元，而是说自己转的是 5000 元，而收款方实际收到的是 1000 元。数字签名就是针对这类问题的有效解决方案。数字签名是非对称密码算法加密技术与数字摘要技术结合的应用。发送方在发送数据时，使用哈希函数生成发送数据的哈希值并提供给接收方，用于验证发送的数据是否完整，以实现数据完整性保护。同时，发送的数据使用发送方的私钥进行加密，由于私钥只有发送方拥有，如果能使用发送方的公钥进行解密，就证明这个数据是发送方发出的，不是其他攻击者伪造的，发送方也无法对发出的数据进行抵赖。

数字签名具有以下基本特性。

（1）不可伪造性：不知道签名者私钥前提下，攻击者无法伪造一个合法的数字签名，此性质使签名接收方可确认消息的来源。

（2）不可否认性：对普通数字签名，任何人可用签名者公钥验证签名的有效性。由于私钥的私有性，签名者无法否认自己的签名。此性质使签名发送方无法否认是自己发出了消息。

（3）消息完整性：即消息防篡改。利用哈希函数对消息进行完整性鉴别，使得接收方能确保接收到的消息未经篡改。

2.1.5　公钥基础设施

公钥基础设施（PKI）也称公开密钥基础设施。按照国际电信联盟（ITU）制定的 X.509 标准，"PKI 是一个包括硬件、软件、人员、策略和规程的集合，用来实现基于公钥密码体制的密钥和证书的产生、管理、存储、分发和撤销等功能。"简单地说，PKI 是一种遵循标准，利用公钥加密技术提供安全基础平台的技术和规范，是能够为网络应用提供信任、加密以及密码服务的一种基本解决方案。PKI 的本质是实现了大规模网络中的公钥分发，为大规模网络中的信任建立基础。

PKI 一般包括证书签发机构（CA）、证书注册机构（RA）、证书库和终端实体等部分，如图 2-3 所示。

1. CA

CA 是证书签发机构，也称数字证书管理中心，它作为 PKI 管理实体和服务的提供者，管理用户数字证书的生成、发放、更新和撤销等工作。

数字证书是一段电子数据，是经证书权威机构签名的、包含拥有者身份信息和公开密钥的数据体。由此，数字证书与一对公钥和私钥相对应，公钥以明文

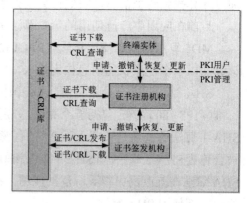

图 2-3　PKI 体系架构

形式放到数字证书中，私钥则为拥有者所秘密掌握。数字证书经过了证书权威机构的签名，确保了其中信息的真实性，可以作为终端实体的身份证明。在电子商务和网络信息交流中，数字证书常用来解决交易方相互间的信任问题。可以说，数字证书类似于现实生活中由国家公安机关发放的居民身份证。

数字证书是各实体在网上进行信息交流及商务交易活动时的身份证明，具有唯一性和权威性。为满足这一要求，需要建立一个可信的机构，专门负责数字证书的产生、发放和管理，以保证数字证书的真实可靠，这个机构就是 CA。由此可见，CA 是 PKI 的核心组成部分，PKI 体系也往往称为 PKI/CA 体系。

2. RA

RA 是证书注册机构，又称数字证书注册中心，是数字证书的申请、审核和注册中心，同时也是 CA 的延伸。在逻辑上 RA 和 CA 是一个整体，主要负责提供证书注册、审核以及发证功能。如果说 CA 相当于公安机关的身份证管理中心，那么 RA 就相当于各地派出所户籍管理部门，负责受理身份证的申请、材料审核并将最终的身份证发放给居民。所以网络中"身份证"的申请、审核、发放等工作由 RA 来承担。

3. 证书/CRL 库

证书/CRL 库主要用来发布、存储数字证书和证书撤销列表（CRL），供用户查询、获取其他用户的数字证书和系统中的证书撤销列表。

4. 终端实体

终端实体是指拥有公私密钥对和相应公钥证书的最终用户，可以是人、设备、进程等。

随着网络应用技术的发展，作为一种基础设施，PKI 的应用范围非常广泛，如应用于虚拟专用网（VPN）、安全电子邮件、Web 安全、电子商务/电子政务等。其中，基于 PKI 技术的 IPSec 协议现在已经成为架构 VPN 的基础，它可以为路由器之间、防火墙之间或者路由器和防火墙之间提供经过加密和认证的通信。

通过 Web 进行的网上交易很容易带来网络欺诈、敏感信息泄露、信息篡改和拒绝服务攻击等安全问题。现在的标准浏览器都支持 SSL 协议。利用 PKI 技术，SSL 协议允许在浏览器和服务器之间进行加密通信。此外，还可以利用数字证书保证通信安全，服务器端和浏览器端分别由可信的第三方颁发数字证书，这样在交易时，双方可以通过数字证书确认对方的身份。结合 SSL 协议和数字证书，PKI 技术可以满足 Web 交易多方面的安全需求。

2.2　身份鉴别与访问控制

2.2.1　身份鉴别的概念

鉴别与访问控制是信息安全中重要的基础知识。信息系统要实现安全目标，具备有效的鉴别与访问控制机制是必不可少的。

1. 标识与鉴别

标识是实体身份的一种计算机表达。信息系统在执行操作时，首先要求用户标识自己的身份，并提供证明自己身份的依据，不同的系统使用不同的方式表示实体的身份，同一个实体可以有多个不同的身份。鉴别是将标识和实体联系在一起的过程，是信息系统的第一道安全防线，也为其他安全服务提供支撑。访问控制机制的正确执行依赖于对用户身份的正确识别，标识和鉴别作为访问控制的必要支持，以实现对资源机密性、完整性、可用性及合法使用的支持。如果与数据完整性机制结合起来使用，可以作为数据源认证的一种方法。在审计记录中，一般需要提供与某一活动关联的确知身份，因此，标识与鉴别支持安全审计服务。

2. 鉴别的类型

在一个给定的网络中，客户需要访问服务器的服务，就必须被服务器鉴别，这个鉴别过程称为单向鉴别。如果客户也需要鉴别服务器，则称为双向鉴别。还有一些情况要求由双方均信任的第三方进行鉴别，以确认用户和服务器的身份。

1）单向鉴别

单向鉴别是指当用户希望在应用服务器上注册时，用户仅需被应用服务器鉴别。通常是用户发送自己的用户名和口令给应用服务器，应用服务器对收到的用户名和口令进行验证，确认用户名和口令是否由合法用户发出。

2）双向鉴别

双向鉴别是一种相互鉴别，其过程在单向鉴别的基础上增加了两个步骤：服务器向客户发送服务器名和口令，客户确认服务器身份的合法性。

双向鉴别一般不常使用。假如有 50 个用户（或应用服务器），每个用户均可与其他用户通信，则每个用户都应有能力鉴别其他用户。在双向鉴别的情况下，每个用户还应能被其他用户鉴别，这样每个用户需要保存 49 个口令。一旦用户增加、减少或改变口令，都要调整口令清单，管理烦琐且效率低。

3）第三方鉴别

更为可靠的鉴别方法是可信第三方鉴别，第三方用于存储、验证标识和鉴别信息。每个用户或应用服务器都向可信第三方发送身份标识和口令，提高了口令存储和使用的安全性，并且具有较高的效率。

3. 鉴别的方式

实体身份鉴别一般依据以下三种基本情况或这三种情况的组合：实体所知、实体所有和实体特征。

实体所知，即实体所知道的，如口令等。常常将一个秘密信息发送到系统中，该秘密信息仅为用户和系统已知，系统据此鉴别用户身份。

实体所有，即实体所拥有的物品，如钥匙、磁卡等，系统借助这些物品鉴别用户。在鉴别时，用户手持这些物品，通过外围设备完成鉴别。

实体特征，即实体所拥有的可被记录并比较的生理或行为方面的特征，这些特征能被系统观察和记录，通过与系统中存储的特征比较进行鉴别。

多因素鉴别方法，是指使用多种鉴别机制检查用户身份的真实性。使用两种鉴别方式的组合（双因素鉴别）是常用的多因素鉴别形式。例如，在网上银行的转账验证中，必须同时使用用户名/密码（实体所知）和 USB Key（实体所有）才能完成一次转账验证。使用多因素验证能有效地提高安全性，降低身份滥用的风险。

2.2.2 基于实体所知的鉴别

使用可以记忆的秘密信息作为依据的鉴别是基于实体所知的鉴别，目前广泛采用的使用用户名和口令进行登录验证就是一种基于实体所知的鉴别方式。口令通常是由字母、数字和特殊字符组成的一串字符串。口令鉴别由于简单易行，并且实现成本低，被广泛地应用在各类商业系统中，为用户提供基础的安全防护。实体所知的鉴别方式的安全性依赖于用于鉴别信息的保密，因此会面临信息泄露和信息伪造等安全问题。

1. 口令破解攻击及防御措施

用户使用的鉴别依据（口令）通常由系统默认生成或由用户生成，为了记忆的方便，用户通常不对系统生成的默认口令进行更改或选择与自己相关的信息来设置口令，如自己和亲人的生日、纪念日、电话号码甚至使用易于记忆的字符串。这种类型的口令虽然便于记忆，但容易猜测，对攻击者而言，使用这种口令进行保护的系统是非常脆弱的。表 2-2 为 2018—2020 年弱口令排行榜，可以看到，123456 这样的弱口令长期给用户作为鉴别依据，使得基于实体所知的鉴别方式缺乏足够的安全性。

表 2-2　2018—2020 年弱口令排行榜

排　　名	2018 年	2019 年	2020 年
1	123456	123456	123456
2	password	123456789	123456789
3	123456789	qwerty	picture1
4	12345678	password	password
5	12345	1234567	12345678
6	111111	12345678	111111
7	1234567	12345	123123
8	sunshine	iloveyou	12345
9	qwerty	111111	1234567890
10	iloveyou	123123	senha

穷举攻击是针对口令进行破解的一种方式，它通过穷举所有可能的口令的方法来进行攻击。假设某用户设置的口令是 7 位数字，那么该用户口令的组合最多为 10^7 种，即 1000 万种。

攻击者要做的就是将所有可能的组合尝试一遍。尽管一次输入正确口令的可能性为千万分之一，但在现有网络计算环境中，猜测一个口令的投入很小，攻击者很容易做到利用软件连续测试 10 万、100 万，甚至 1000 万个口令，理论上，只要有足够的时间，所有口令都可以被破解。著名的密码破解软件 John the Ripper 和 L0phtCrack 就是利用穷举方式对 Linux 和 Windows 系统中存储的口令散列值进行破解。随着技术的发展，口令破解中使用口令字典以提高破解的效率已经成为主流，攻击者预先构建了用户经常使用的各种口令，通常是英语单词、用户名+生日组合及其他可能的组合。在攻击时，使用口令破解软件，从口令字典中逐个选择口令进行尝试，如果口令错误，则选择下一个口令继续进行尝试，直到猜测成功或字典上所有口令被遍历。由于网络资源的廉价（想象一下现在家用宽带每个月的费用），攻击者进行这种类型的攻击成本极低，只需要部署一台计算机，不停地针对目标账户进行登录尝试即可。

针对口令破解攻击的防护措施，一是提高口令的强度，增加攻击者破解的时间和难度；二是阻止攻击者反复尝试。

1）提高口令的强度

提高口令的强度，目标是确保密码具有足够的复杂性。

在应用系统中设置安全策略，避免用户使用过于简单的口令。

对用户进行安全意识教育，使用户理解弱口令的安全风险并学会如何设置安全的口令，安全的口令需要难以猜测但又易于记忆。

难以猜测是要求口令具备一定的复杂度，不容易被穷举、口令字典攻击方式猜测出来。具有复杂性就是要求口令中应同时包含大写字母、小写字母、数字、特殊字符等，具备足够的长度，还要避免采用一些规律过于明显的组合。例如，口令 zaq12wsxZAQ!@WSX 看似复杂，但其键盘顺序规律过于明显，已经被很多攻击者列入常用攻击组合。易于记忆是避免由于口令过于复杂导致忘记口令无法登录系统等问题。

2）阻止攻击者反复尝试

在应用系统中设置策略，对于登录尝试达到一定次数的账户锁定一段时间或由管理员解锁，避免攻击者反复登录尝试。

使用验证码等需要人工识别的因素以对抗反复的登录尝试，验证码应具有很好的抗机器识别的能力，并且人工识别相对容易。

图 2-4 所示为 12306 为对抗反复尝试登录使用的验证码技术，能较好地对抗口令的猜测攻击。

2. 口令嗅探攻击及防御措施

由于早期采用的网络协议（如 Telnet、FTP、POP3）在网络上以明文或简单的编码（如 HTTP 采用的 BASE64）等形式传输口令，攻击者通过在会话路径中的任何节点部署嗅探器（一种抓取网络报文的软件），就可以获得用户的口令。嗅探攻击的防御措施是使用密码技术对传输数据进行保护，

图 2-4   12306 登录验证码

如对传输中的口令进行加密，使得攻击者即使嗅探到了传输的口令数据，也无法获得口令的明文。

在实际应用中，存在大量应用系统使用 MD5 对口令明文进行处理，存储和传输的都是处理过的数据（通常称为密码散列），攻击者虽然无法从密码散列中还原出口令明文，但由于口令明文和散列可以视同一一对应的，攻击者可以构造出一张对照表，将各种不同的口令明文和散列建立对应关系，因此只要获得密码散列，就能根据对照表知道对应的口令明文，这样的对照表通常称为彩虹表。

3. 重放攻击及防御措施

重放攻击又称重播攻击、回放攻击，是指攻击者发送一个目的主机（需要登录的服务器）接收过的数据包，特别是在认证的过程中用于认证用户身份所接收的数据包以达到欺骗系统的目的。在这个数据包中，包含认证用户身份时所用的凭证（登录口令或者会话 ID），如果系统对于这个会话凭证仅仅采用简单的加密措施，使得攻击者不知道传输的真正信息是什么，但因为缺乏有效的验证机制，若攻击者录下登录验证的会话过程，并且在稍后的验证过程中进行重放，系统便无法区分发送登录信息的是攻击者还是合法用户，会允许攻击者的访问。这个过程可以理解为对于一个使用语言验证的门禁系统，虽然攻击者听不懂用户说的内容，但是可以录下用户打开门的语音，然后在需要时进行播放，那么门就会打开。

针对重放攻击，有以下防御措施。

1）在会话中引入时间戳

时间戳是自格林尼治时间 1970 年 1 月 1 日 0 时 0 分 0 秒（北京时间 1970 年 1 月 1 日 8 时 0 分 0 秒）起至当前时间的总秒数。在用户的会话中引入数字签名的时间戳，那么即使这个会话过程被攻击者获取并进行重放，也会被系统拒绝（因为时间戳不对）。

2）使用一次性口令

一次性口令即一个口令只使用一次，本次登录过后，所使用的口令就失效。攻击者即使记录下会话的过程，但口令已经失效，也无法通过重放进入系统。使用一次性口令鉴别机制下，系统可以预先生成一个数量庞大的随机的口令序列，每次登录成功后当前口令失效，下次登录需要使用另一个口令。或者双方根据某个值来实时计算出口令，常见的方式是登录的口令实时变化，每次登录时根据时间生成口令，为了保证用户能正确登录，需要维持双方的时钟同步。

3）在会话中引入随机数

挑战/应答是一种有效地应对口令嗅探和重放攻击的鉴别方式，在挑战/应答过程中，用户和系统将协商一个只有双方知道的数据变换函数，鉴别时，系统会发送一个由系统生成的随机数 M 给用户，这就是一个挑战，登录验证的用户使用数据变换函数，结合登录口令将 M 计算生成的值 N（即应答）返回给系统。系统知道用户的登录口令，因此会用同样的数据变换函数计算 M 的结果，然后比较这个结果是否与用户发送过来的应答 N 一致，如果一致，则判断用户登录验证通过。

由于登录验证过程中给出的 M 是随机生成的，每次都不一样，因此攻击者记录下会话过程进行重放是无法通过系统验证的，并且由于会话过程中双方传输的是随机数 M（挑战）和

计算的结果 N（应答），没有传输登录口令，因此也可以有效地避免嗅探攻击。

2.2.3 基于实体所有的鉴别

基于实体所有的鉴别是指使用用户所持有的物品来验证用户的身份，也是采用较多的一种鉴别方法。用于鉴别的物品通常不容易被复制，具有唯一性。基于实体所有的鉴别方式是一种被长期使用的身份鉴别方式，古代调动军队时需要出示虎符（见图 2-5）就是一种基于实体所有的鉴别。

集成电路卡（Integrated Circuit Card，IC Card）是信息化时代广泛使用的实体所有鉴别物品，是将一个专用的集成电路芯片镶嵌于符合 ISO 7816 标准的 PVC（或 ABS 等）材料做成的基片中，封装成卡片形式或纽扣、钥匙、饰物等特殊形状。IC 卡根据实现方式可以分为内存卡（Memory Card）、安全卡（Security Card）、CPU 卡（CPU Card）等不同类型。

图 2-5 古代用于调兵的虎符

（1）内存卡也称内嵌存储器，用于存储各种数据，这类卡信息存储方便，使用简单，价格便宜，很多场合可替代磁卡，但由于其本身不对存储的数据进行加密并且易于被复制，因此通常用于保密性要求不高的应用场合，如单位门禁卡、企业的会员卡等。

（2）安全卡也称逻辑加密卡，内嵌芯片对存储区域增加了控制逻辑，在访问存储区之前要核对密码。如果连续多次密码验证错误，卡片可以自锁，成为死卡。由于具有一定的安全功能，因此安全卡适用于有一定保密需求的场合，如存储着储值信息的餐饮企业会员卡、电话卡、水电燃气等公共事业收费卡等。

（3）CPU 卡也称智能卡，相当于一种特殊类型的单片机，在卡片中封装了微处理单元（CPU）、存储单元（RAM、ROM 等）和输入/输出接口，甚至带有双方单元和操作系统。CPU 卡具有存储容量大、处理能力强、信息存储安全等特点，因此广泛用于保密性要求较高的场合，如银行的信用卡等。

IC 卡的安全防护首先应确保自身的物理安全，封装应坚固耐用，能够承受日常使用中各种可能导致卡片损坏的行为。IC 卡的安全防护主要是保证 IC 卡中存储和处理的各种信息不被非法访问、复制、篡改或破坏等。应根据应用场景选择具有足够安全性的 IC 卡，如果选择的 IC 卡缺乏足够的技术防护，就很容易被复制。例如，由于成本问题，大量企业、社区的门禁卡通常会使用安全性较低的 IC 卡，这些 IC 卡仅有一个序列号，非常容易被复制，部分手机、手环都具备将这类 IC 卡复制的功能，如图 2-6 所示为华为

图 2-6 华为手机中的门禁卡模拟功能

手机中的门禁卡模拟功能。

除了选择符合应用场景安全要求的 IC 卡，还需要根据应用场景确保相应的逻辑安全措施得到落实，结合 PIN 码甚至其他技术实现对数据的安全防护，避免各类对数据的非法操作。对高安全要求的应用场景，使用高强度的加密算法对数据进行加密。

2.2.4　基于实体特征的鉴别

随着技术的成熟及硬件成本的不断下降，使用实体生物特征作为鉴别方式越来越广泛，与实体所知、实体所有的鉴别方式相比，实体特征鉴别方式具有以下特点。

➢ 普遍性：鉴别的特征是每个实体都具有的，因此不存在遗忘等问题。
➢ 唯一性：每个实体拥有的特征都是独一无二的。
➢ 稳定性：实体的生物特征不随时间、空间和环境的变化而改变。
➢ 可比性：用于鉴别的特征易于采集、测量和比较。

实体特征鉴别系统通常由信息采集和信息识别两个部分组成。信息采集部分通过光学、声学、红外等传感器，采集待鉴别的用户的生物特征（如指纹、虹膜等）和行为特征（如声音、笔迹等），然后交给信息识别部分，与预先采集并存储在数据库中的用户生物特征进行比对，根据比对的结果判断是否通过验证，如图 2-7 所示。

图 2-7　生物特征验证过程

1. 指纹、掌纹识别

指纹识别是所有生物特征识别中最成熟、使用最广泛的技术。指纹即指尖表面的纹路，指纹识别主要通过对纹路的起止点、中断处、分叉点、汇合点等的位置、数目和方向的分析比较来鉴别用户身份。指纹识别系统通过特殊的设备采集指纹信息，并将按照用户姓名等信息存在指纹数据库中的模板指纹调出来，比较用户输入的指纹与模板指纹是否匹配，从而判断用户身份的合法性。

掌纹识别技术在实现上与指纹识别类似，区别在于以手掌中的纹理作为识别的依据。

2. 静脉识别

静脉识别是最近几年开始出现的生物特征识别方式，其原理是通过静脉识别设备提取实体的静脉分布图，采用特定算法从静脉分布图中提取特征并与预先存储在数据库中的特征进行比对，以判断是否通过验证。在实际应用中，使用较多的是指静脉和掌静脉识别。

3. 视网膜、虹膜、巩膜识别

视网膜是人眼感受光线并产生信息的重要器官，位于眼球壁的内层，是一层透明的薄膜，由色素上皮层和视网膜感觉层组成。视网膜识别是通过采集视网膜特征进行鉴别的技术。

虹膜是指位于瞳孔和巩膜间的环状区域，每一个虹膜都包含水晶体、细丝、斑点、结构、凹点、射线、皱纹和条纹等特征。人的虹膜在出生后 6～18 个月成型后不再发生变化。虹膜识别系统用摄像机捕获用户眼睛的图像，从中定位虹膜，提取特征，并加以匹配判断。

巩膜识别也称眼纹识别，技术实现上与虹膜识别类似，不同的是使用巩膜中的血管分布图作为识别的依据。人的眼球会因为过敏、红眼等疾病或者熬夜、宿醉等情况发生充血，但这些并不会影响巩膜上血管的排布，所以眼纹识别具有良好的稳定性。

4. 面部识别

用人脸进行身份鉴别友好、方便，用户接受程度高，但识别的准确率要低于指纹和虹膜识别。人脸识别系统的主要工作是在输入的图像中准确定位人脸，抽取人脸特征，并进行匹配识别。目前，人面部的表情、姿态、化妆等的变化及采集图像时光线、角度、距离、遮挡等问题是影响人脸识别准确性的难题。

5. 语音识别

语音识别是利用发声者的发声频率和幅值来辨识身份的一种特征识别技术，在远程传递中具有明显优势。语音识别可以依赖特定文字识别，也可以不依赖特定文字识别。在依赖特定文字识别的方式中，通过发声者说某个或几个特定词语时的随机特性来识别其身份。采用这种识别方式的系统设计简单，易于实现，但安全性不高。在不依赖特定文字识别的方式中，允许发声者说任何词语，识别系统找出发声者发音的共性特征，并进行识别。该方式防伪性较高，但系统设计和实现复杂，因为声音的变化范围大，环境、身体状态和情绪等因素均会影响语音识别系统的准确率。

由于生物识别技术的便利性及广泛的应用前景，头骨、耳朵、脑电波识别等越来越多的生物识别技术被开发出来。实体特征鉴别体系相对实体所知、实体所有鉴别方式的优势在于用于鉴别的依据不会丢失，也难以伪造，然而用于识别的生理特征终生不变的特性也成为其对应的安全风险，因为人们不可能改变其生理特征，一旦这些特征数据丢失，攻击者就能使用这些数据绕过鉴别系统。

6. 实体特征鉴别的有效性判断

基于实体特征鉴别的设备扫描一个人的生理属性或行为特征，然后将其与早期特征记录过程中建立的记录进行比较，这要求系统必须对人的生理或行为特点进行准确、重复性的测量。由于很多人的某些生理特征相似，生物识别方法通常导致负面的和不正确的认证。基于实体特征鉴别的设备通过检查它们产生的不同类型错误来衡量执行情况。

基于实体特征鉴别的设备拒绝一个已获授权的个人，称之为第一类错误，如当某个用户通过生理特征（如指纹）来进行登录验证时，系统验证其为非正确用户，从而拒绝其登录系统。这种正确用户被拒绝登录的情况出现的概率称为错误拒绝率（FRR）。

若设备接受了一个本应该被拒绝的冒名顶替者，称之为第二类错误，也就是一个攻击者并不是该账户真正的拥有者，但他使用自己的生理特征（如指纹）通过了验证，系统允许他登录。这种非正确用户可以通过验证的情况出现的概率称为错误接受率（FAR）。这类错误最为危险，因此必须严格避免。

许多基于实体特征鉴别的设备都能够对验证的严格程度进行调整。当生物识别设备过于严格时，错误拒绝会很常见，这时会使得用户体验非常不好，为了加强用户体验，需要降低验证的严格程度，而这时会使得错误接受率上升。一个好的生理特征鉴别系统需要在错误拒绝率和错误接受率之间找到最佳平衡，交叉错误率（CER）就是用于衡量生理特征鉴别系统质量的一个指标。如图 2-8 所示为某个生理特征鉴别系统对验证的严格程度进行调整时，错误拒绝率和错误接受率的变化情况。当验证设置越严格，即安全性越高时，错误拒绝率越高，错误接受率越低。两条曲线相交的位置就是交叉错误率，交叉错误率越低，说明该鉴别系统越准确，也就是质量更高。

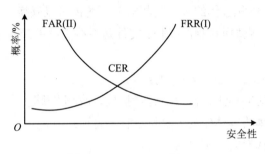

图 2-8　FRR、FAR 和 CER

2.2.5　访问控制基本概念

在信息系统中，访问控制是重要的安全功能之一。它的任务是在为用户对系统资源提供最大限度共享的基础上，对用户的访问权进行管理，防止对信息的非授权篡改和滥用。访问控制对经过身份鉴别后的合法用户提供所需要的且经过授权的服务，拒绝合法用户越权的服务请求，拒绝非法用户非授权访问，保证用户在系统安全策略下有序工作。

一个信息系统在进行安全设计和开发时，必须满足某一给定的安全策略，即有关管理、保护和发布敏感信息的法律、规则和实施细则。例如，将系统的用户和信息划分为不同的等级，用户能读信息，当且仅当用户的等级高于或等于信息的等级；用户能写信息，当且仅当用户的等级低于或等于信息的等级。

访问控制模型是对安全策略所表达的安全需求的简单、抽象和无歧义的描述，可以是非形式化的，也可以是形式化的，它综合了各种因素，包括系统的使用方式、使用环境、授权的定义、共享的资源和受控思想等。访问控制模型通过对主体的识别来限制对客体的访问权限，具有以下三个特点。

（1）精确的、无歧义的。

（2）简单的、抽象的，容易理解。

（3）只涉及安全性质，不过多牵扯系统的功能或其实现细节。

　　主体是使信息在客体间流动的一种实体，通常是指人、进程或设备等。例如，对文件进行操作的用户是一种主体；用户调度并运行的某个进程也是一种主体；调度一个例程的设备也是一种主体。在计算机系统中，用户首先在系统中注册，然后启动某一进程并使该进程为用户完成某项工作，该进程继承了启动它的用户的属性，如访问权限等，这时与用户相对应的进程也是一种主体。

　　客体是一种信息实体，或者是从其他主体或客体接收信息的实体。通常数据块、存储页、文件、目录、程序等都属于客体。在系统中，文件是一个处理单位的最小信息集合，每一个文件就是一个客体，如果每个文件还可以分成若干小块，而每个小块又可以单独处理，那么每个小块也是一个客体。

　　主体接收客体相关信息和数据，也可能改变客体相关信息。一个主体为了完成任务，可以创建另外的主体，称为子主体。子主体可以独立运行，并受父主体控制。客体始终是提供、驻留信息或数据的实体。主体和客体的关系是相对的，角色可以互换。

　　访问权限是指主体对客体所执行的操作。文件是系统支持的最基本的保护客体。常见的文件访问模式有：

　　（1）读：允许主体对客体进行读访问操作。

　　（2）写：允许主体对客体进行修改，包括扩展、收缩及删除。

　　（3）执行：允许主体将客体作为一种可运行文件而运行。

　　（4）拒绝访问：主体对客体不具有任何访问权。

　　此外，目录也是常见的保护客体。目录常作为结构化文件或结构化段来实现。对目录的访问模式可以分为读、写和执行。

　　（1）读：允许主体看到目录实体，包括目录名、访问控制表以及该目录下的文件与目录的相应信息。

　　（2）写：允许主体在该目录下增加一个新的客体。也就是说，允许主体在该目录下生成与删除文件或子目录。

　　（3）执行：允许该目录下的客体被执行。

　　访问控制的实施一般包括两个步骤：第一步，鉴别主体的合法身份；第二步，根据当前系统的访问控制规则授予用户相应的访问权。访问控制过程如图 2-9 所示。

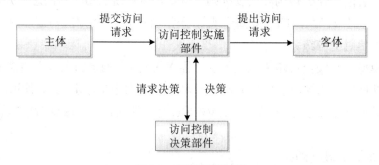

图 2-9　访问控制过程

首先主体提交访问请求，收到主体的访问请求后，访问控制实施部件将该请求提交给访问控制决策部件，访问控制决策部件依据请求中的主体、客体和访问权判断是否允许授权。如果依据当前访问控制规则允许该授权，则将决策结果返回访问控制实施部件，访问控制实施部件向客体提出访问请求，主体执行对客体的授权访问。如果拒绝该授权，则访问控制实施部件拒绝主体提交的访问请求，主体不执行对请求客体的操作。

2.2.6　访问控制模型

1. 自主访问控制模型

自主访问控制（DAC）是应用很广泛的访问控制方法。用这种控制方法，资源的所有者往往也是创建者，可以规定谁有权访问它们的资源，用户或用户进程就可以有选择地与其他用户共享资源。它是一种对单个用户执行访问控制的过程和措施。

DAC 可为用户提供灵活调整的安全策略，具有较好的易用性和可扩展性，具有某种访问能力的主体能够自主地将访问权的某个子集授予其他主体，常用于多种商业系统中，但安全性相对较低。因为在 DAC 中，主体权限较容易被改变，某些资源不能得到充分保护，不能抵御特洛伊木马的攻击。

1）访问控制矩阵

DAC 可以用访问控制矩阵来表示，如图 2-10 所示。矩阵中的行表示主体对所有客体的访问权限，列表示客体允许主体进行的操作权限，矩阵元素规定了主体对客体被准予的访问权。某一主体要对客体进行访问前，访问控制机制要检查访问控制矩阵中主、客体对应的访问权限，以决定主体对客体是否可以进行访问，以及可以进行什么样的访问。访问控制的基本功能就是对用户的访问请求做出"是"或"否"的回答。

	客体x	客体y	客体z
主体a	R、W、Own		R、W、Own
主体b	R	R、W、Own	
主体c	R	R、W	

图 2-10　访问控制矩阵图示

2）访问控制功能

DAC 通常使用访问控制表（ACL）或能力表（CL）来实现访问控制功能。

访问控制矩阵按列读取即形成 ACL，如图 2-11 所示，ACL 可以决定任何一个特定的主体是否可对某一个客体进行访问。它是利用在客体上附加一个主体明细表的方法来表示访问控制矩阵的。表中的每一项包括主体的身份以及对该客体的访问权。例如，对某文件的访问控制表可以存放在该文件的文件说明中，该表包含此文件的用户身份、文件属主、用户组，以及文件属主或用户组成员对此文件的访问权限。如果采用用户组或通配符的概念，ACL 不会很长。目前，ACL 是 DAC 实现中比较通用的一种方法。

CL 决定主体对客体的访问权限（读、写、执行），在这种方式下，系统必须对每个主体维护一份 CL，即按行读取访问控制矩阵，表示每个主体可以访问的客体及权限，如图 2-12 所示。用户可以将自己的部分能力，如读写某个文件的能力传给其他用户，这样那个用户就获得了读写该文件的能力。在用户较少的系统中，这种方式比较好，但一旦用户数增加，便要花费系统大量的时间和资源来维护系统中每个用户的 CL。

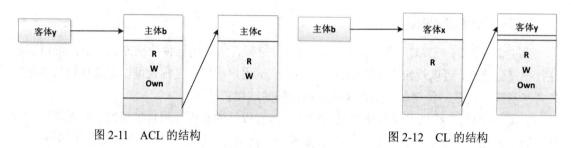

图 2-11　ACL 的结构　　　　　　　　图 2-12　CL 的结构

2. 强制访问控制模型

强制访问控制（MAC）是主体和客体都有一个固定的安全属性，系统通过比较主体和客体的安全属性，根据已经确定的访问控制规则限制来决定主体是否可访问客体。这个访问控制规则是强制执行的，系统中的主体和客体均无权更改。

MAC 比 DAC 具有更高的安全性，能有效防范特洛伊木马，也可以防止由于用户无意或不负责任的操作而导致机密信息泄露，适用于专用或安全性要求较高的系统。但是这种机制也使用户受到限制，如在用户共享数据方面不灵活。因此，保护敏感信息一般使用 MAC，需对用户提供灵活的保护，更多地考虑共享信息时使用 DAC。

典型的强制访问控制模型包括 BLP（Bell-LaPadula）模型、Biba 模型、Clark-Wilson 模型、Chinese Wall 模型等。

BLP 模型是 D.Elliott Bell 和 Leonard J.LaPadula 于 1973 年提出的一种模拟军事安全策略的计算机访问控制模型，它是最早也是最常用的一种多级访问控制模型，该模型用于保证系统信息的机密性。

Biba 模型是 1977 年由 Biba 对系统的完整性进行了研究，提出的一种与 BLP 模型在数学上对偶的完整性保护模型。

Clark-Wilson 模型是一个确保商业数据完整性的访问控制模型，由计算机科学家 David D.Clark 和会计师 David R.Wilson 发表于 1987 年，并于 1989 年进行了修订。如果说 BLP 模型更注重于军事领域的计算机应用的话，Clark-Wilson 模型则偏重于满足商业应用的安全需求。

Chinese Wall 模型由 Brewer 和 Nash 提出，是一种同等考虑保密性和完整性的访问控制模型，主要用于解决商业应用中的利益冲突问题，它在商业领域的应用与 BLP 模型在军事领域的作用相当。

3. 基于角色的访问控制模型

随着计算机的广泛应用，特别是计算机在商业和民用领域的应用，安全需求变得越来越多样化，自主访问控制和强制访问控制难以适应，基于角色的访问控制（RBAC）成为安全领域的一个研究热点。

在一个基于角色的访问控制中，根据公司或组织的业务要求或管理要求，在系统内设置了若干个"角色"。所谓角色，用一般业务系统中的术语来说，实际上就是业务系统中的岗位、职位或者分工。例如，在一个公司内，财会主管、会计、出纳、核算员等每一种岗位都可以设置多个职员具体从事该岗位的工作，都可以视作角色。管理员负责掌管对系统和数据的访问权限，将这些权限（不同类别和级别的）分别赋予承担不同工作职责的用户，并随时根据业务的要求或变化对角色的存取权限进行调整，包括对可传递性的限制。

在基于角色的访问控制中，要求明确区分权限和职责。例如，在有数个保密级别的系统内，访问权限为 0 级的某个官员并不能访问所有保密级别为 0 的资源，0 级是他的权限，而不是其职责。再如，一个用户或操作员可能有权访问资源的某个集合，但是不能涉及有关授权分配等工作；而一位主管安全的负责人可以修改访问权限和分配授权给各个操作员，但是不能同时具备访问/存取任何数据资源的权限。

在基于角色的访问控制中，将若干特定用户的集合和某种授权连结在一起，即与某种业务分工，如岗位、工种等相关联的授权连结在一起。这样的授权管理比对个体的授权来说，可操作性和可管理性都要强得多。因为角色的变动远远低于个体的变动，因此该模型的一个主要优点就是简单。

使用基于角色的访问控制可以较好地支持最小特权原则，使得分配给角色的权限不超过具有该角色身份的用户完成其任务所必需权限，当用户请求访问某资源时，如果其操作权限不在用户当前被激活角色的授权范围内，访问请求将被拒绝。基于角色的访问控制还能落实职责分离原则，即利用互斥角色约束，控制用户的权限，通过激活相互制约的角色共同完成一些敏感任务，以减少完成任务过程中可能发生的欺诈行为。

此外，该模型在不同的系统配置下可以显示不同的安全控制功能，既可以构造具备自主存取控制类型的系统，也可以构造成为强制存取控制类型的系统，甚至可以构造同时兼备这两种存取控制类型的系统。

2.3 网络安全协议

2.3.1 OSI 七层模型

开放系统互连参考模型（OSI）是国际标准化组织发布的通信模型，定义了网络中不同类型的计算机系统进行通信的基本方法和过程。OSI 模型将网络通信工作分为七层，分别为物理层、数据链路层、网络层、传输层、会话层、表示层和应用层，每一层实现特定的功能，最终实现数据的通信，如图 2-13 所示。

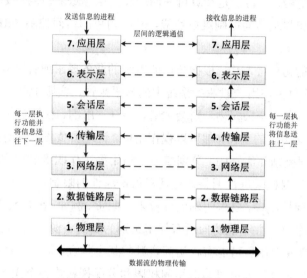

图 2-13　OSI 七层模型及通信过程

通常情况下，OSI 七层模型分为低层协议和高层协议两部分，用于创建网络通信连接链路，处理实际信息传输的物理层、数据链路层、网络层和传输层是低层协议，而处理用户服务和各种应用请求，负责端到端的数据通信的会话层、表示层和应用层为高层协议。

OSI 七层模型采用分层的架构，各层之间相互独立，仅根据标准与上下层进行通信。例如，数据链路层和物理层分别实现不同的功能，物理层为数据链路层提供服务，数据链路层不必理会服务是如何实现的，因此，物理层实现方式的改变不会影响数据链路层。这一原理同样适用于其他连续的层次。这种分层结构使各个层次的设计和测试相对独立，各层之间互不影响，某一层的变化不会影响其他层，相关设计者和开发者可以专注于设计和功能开发，在能够提供较好的灵活性的同时，也具有促进标准化工作的优点。

OSI 模型定义的数据传输方式为逐层传递，当某个进程需要发送数据时，数据首先被交给应用层。应用层对数据进行加工处理后，传给表示层，再经过一次加工后，数据被送到会话层，然后会经过传输层、网络层、链路层，最后到达物理层进行实际的传输，这个过程就是数据封装。

在另一端，顺序刚好相反，每一层都对数据进行解封装处理（数据分用）。物理层接收比特流后把数据传给数据链路层，数据链路层执行某一特定功能后，把数据送到网络层，这一过程一直持续到应用层得到最终数据，并送给接收进程。

国际标准化组织于 1989 年发布了 ISO 7498-2 标准，即《信息处理系统　开放系统互连　基本参考模型　第 2 部分：安全结构》。该标准描述了开放系统互联的安全体系架构，提出基于 OSI 模型设计的基础架构中应该包含的安全服务和相关的安全机制。1995 年，我国颁布国家标准《信息处理系统　开放系统互连　基本参考模型　第 2 部分：安全体系结构》（GB/T 9387.2—1995），该标准等同采用了 ISO 7498-2。OSI 安全体系结构的核心内容是：为保证异构计算机进程与进程之间远距离交换信息的安全，定义了系统应当提供的五类安全服务，以及支持提供这些服务的八类安全机制及相应的 OSI 安全管理，并根据具体系统适当地配置于 OSI 模型的七层协议中。

2.3.2　TCP/IP 体系架构及安全风险

TCP（传输控制协议）/IP（网际协议）是目前互联网使用的最基本的协议，也是互联网构成的基础协议。TCP/IP 最早源于美国国防部的 ARPA 网项目（一个军用通信网络项目），经过多年的发展，其中的非涉密部分发展成今天的互联网协议。通常谈到 TCP/IP 指的是以 TCP 和 IP 为核心构成的协议族，是一组在不同层次上工作的多个协议的组合，通过 TCP/IP，不同的信息处理设备可以相互传递数据。

TCP/IP 体系架构包括链路层、网络层、传输层和应用层四层，每一层负责不同的功能，如图 2-14 所示。

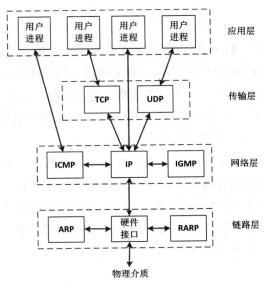

图 2-14　TCP/IP 协议族分层结构

TCP/IP 协议族设计的目的是实现不同类型的计算机系统互连，从设计之初就考虑到不同类型的计算机设备的特性，具有较好的开放性，但由于 TCP/IP 在设计时仅关注开放性和便利性，缺乏足够的安全考虑，因此各协议都存在安全隐患。其中最典型也是各层协议都存在的是明文传输数据问题，所有传输数据没有采取任何安全措施，由此导致了大量的安全问题。

1. 链路层的安全风险

链路层也称网络接口层或数据链路层，是 TCP/IP 的最底层，负责接收来自网络层的 IP 数据报，并把数据报发送到指定的网络上，或从网络上接收物理帧，抽出网络层数据报，交给网络层。链路层通常包括操作系统中的设备驱动程序和计算机中对应的网络接口卡，它们一起处理与电缆（或其他任何传输媒介）的物理接口细节。链路层的两个主要协议是 ARP（地址解析协议）和 RARP（反向地址转换协议），由于缺乏认证机制，很容易被攻击者利用实施欺骗攻击，从而假冒主机入侵其他被信任的主机，例如著名的 ARP 欺骗就是攻击者利用 ARP 协议无状态、无须请求就可以应答和缓存机制的问题，通过伪造 ARP 应答报文来修改计算机上的 ARP 缓存实现欺骗。

2. 网络层的安全风险

网络层也称作互联网络层，用于实现数据包在网络中正确的传递。IP 是网络层的核心协议，是上层协议和应用的基础。IP 提供主机到主机的数据传送服务，与 ICMP（互联网控制报文协议）以及 IGMP（互联网组管理协议）共同配合，将数据包从源地址（主机）传送到目的地址（主机）。目前广泛使用第 4 版 IP（IPv4）提供无连接不可靠的服务，它不能为通信数据包提供完整性和机密性保护，也缺乏对 IP 地址的身份认证机制，攻击者可利用这些缺陷通过伪造数据包实施 IP 地址欺骗、源路由欺骗等电子欺骗攻击，实现绕过某些安全措施的目的，还可以被用于实施碎片攻击等不同类型的拒绝服务攻击。

3. 传输层的安全风险

传输层主要为两台主机上的应用程序提供端到端的通信服务。传输层有 TCP（传输控制协议）和 UDP（用户数据报协议）两个协议。TCP 通过不同的标记位、指针、序号等机制提供一种可靠的、面向连接的数据通信服务。由于缺乏安全机制，TCP 中的机制可被利用实施欺骗和拒绝服务攻击，典型的攻击有利用 TCP 会话建立的三次握手机制缺陷实施的 SYN Flood 拒绝服务攻击、利用身份验证不严谨实施的会话劫持攻击等。

相比 TCP 协议，UDP 协议没有标记位、指针、序号等各种控制标记，因此无法提供数据包分组、排序、重发、流量控制等功能，无法保证数据送达。但是由于协议结构简单，因此处理效率高。UDP 设计用于对实时性要求较高，但对传输可靠性没有严格要求的数据，如网络视频、语音等。由于 UDP 的高效，攻击者可利用 UDP 产生大量的数据，用于实施流量型拒绝服务攻击，如 UDP Flood 拒绝服务攻击。

4. 应用层的安全风险

应用层是 TCP/IP 体系的最高层，对应 OSI 模型的上三层（应用层、表示层和会话层），为用户提供不同的互联网服务。典型的应用层协议包括网页浏览使用的 HTTP（超文本传输协议）、收发电子邮件使用的 SMTP（简单邮件传送协议）和 POP3（邮局协议）、文件传输的 FTP（文件传输协议）等。不同的应用层协议实现差异较大，根据各自特性都有自身的安全性问题。

（1）身份认证简单，通常使用用户名和登录口令进行认证或匿名方式登录，面临口令破解、身份伪造等攻击威胁。

（2）由于应用层协议在设计时对安全性缺乏考虑，通常使用明文传输数据，由此导致了数据泄露、数据伪造等一系列问题，如攻击者可能通过嗅探等方式获取传输中的敏感信息。

（3）缺乏数据完整性保护，由此带来了数据破坏、篡改等问题，如攻击者可更改用户提交的数据，从而实施欺诈。

2.3.3 TCP/IP 安全架构与安全协议

TCP/IP 协议族的安全性问题随着互联网的发展日益突出，相关组织和专家也对协议进行不断地改善和发展，为不同层次设计了相应的安全通信协议，用于对不同层次的通信进行安全保护，从而形成了由各层次安全通信协议构成的 TCP/IP 协议族安全架构，如图 2-15 所示。

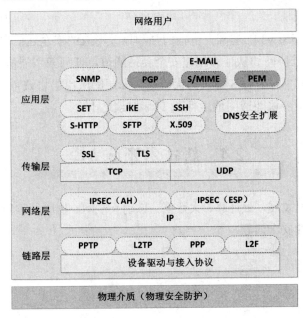

图 2-15　基于 TCP/IP 协议族的安全架构

从图 2-15 可以看出，对于链路层保护的重点是对连接提供安全保障，通过建立专用通信链路为主机或主机与路由器之间提供安全保护，主要的安全通信协议有 PPTP（点对点隧道协议）、L2TP（第二层隧道协议）等。网络层安全通信是解决 IP 的安全问题，主要的安全通信协议是 IPSec（互联网协议安全）。传输层安全通信协议目前主要有 SSL（安全套接层）和 TLS（传输层安全）协议等。根据传输层的特点，传输层的安全主要在端到端实现，提供基于进程到进程的安全通信。应用层安全通信协议是根据具体应用，如电子邮件、电子交易等特定应用的安全需要及其特点而设计的，包括 S/MIME（电子邮件安全协议）、S-HTTP（安全超文本传输协议）等，这些协议紧密地结合具体应用的安全需求和特点，基于低层安全协议提供针对性更强的安全功能和服务。

1）IPSec

IPSec 是 IETF（互联网工程任务组）制定的一组开放的网络安全协议。IPSec 并不是一个单独的协议，而是一系列为 IP 网络提供安全性的协议和服务的集合。IPSec 用来解决 IP 层安全性问题，被设计为同时支持 IPv4 和 IPv6 网络，主要通过加密与验证等方式，为 IP 数据包提供安全服务。

2）SSL

SSL 协议由网景公司于 1990 年开发，用于保障 Web 通信的安全，主要任务是提供私密性、信息完整性和身份认证。SSL 使用对称密码算法的密钥作为会话密钥,对会话的数据进行加密,而会话的密钥使用非对称密码算法的公钥体系进行交换,保证两个应用间通信的保密性和可靠性,为客户应用与服务器应用之间的通信提供安全保障。SSL 能进行数据加密,提供身份验证和消息完整性保护,支持为任何基于 TCP 的应用层协议提供安全保护,并且部署简单,是目前应用广泛的安全通信协议。

3)TLS

TLS(协议)是在 SSLv3 的基础上进行增强和修改形成的安全通信协议,可以认为是 SSL 的后续版本。TLS 通过协商和认证,创建安全会话通道,任何应用层协议的数据在通过 TLS 协议进行传送时都受到保护。TLS 协议的优势是与高层的应用层协议(如 HTTP、FTP、Telnet 等)完全兼容,应用层协议能透明地运行在 TLS 协议之上。

2.4　新技术领域安全

随着互联网的迅猛发展,云计算、大数据、移动互联网、物联网等新技术日益被人们所熟知并应用,带来了新的安全问题。

2.4.1　云计算安全

1. 云计算安全概念

云计算作为互联网新兴技术,具有高可伸缩性、成本低廉、运维便利等优点,被越来越多的企业采纳使用,因此,云计算供应商的技术可靠性及云计算服务的安全性成为众多企业 IT 管理人员、信息化使用人员关注的重点。《信息安全技术　云计算服务安全指南》(GB/T 31167—2014)中对云计算进行了定义:通过网络访问可扩展的、灵活的物理或虚拟共享资源池,并按需自助获取和管理资源的模式。

云计算是一种计算资源的新型利用模式,客户以购买服务的方式,通过网络获得计算、存储、软件等不同类型的资源(资源实例包括服务器、操作系统、网络、软件、应用和存储设备等)。在云计算模式下,使用者不需要自己建设数据中心、购买软硬件资源,避免了前期基础设施的大量投入,仅需较少的使用成本即可获得优质的信息技术(IT)资源和服务。云计算主要有以下特征。

(1)按需自助服务。在不需或较少云服务商的人员参与情况下,客户能根据需要获得所需计算资源,如自主确定资源占用时间和数量等。

(2)泛在接入。客户通过标准接入机制,利用计算机、移动电话、平板等各种终端通过网络随时随地使用服务。

(3)资源池化。云服务商将资源(如计算资源、存储资源、网络资源等)提供给多个客户使用,这些物理的、虚拟的资源根据客户的需求进行动态分配或重新分配。

(4)快速伸缩性。客户可以根据需要快速、灵活、方便地获取和释放计算资源。对于客户来讲，这种资源是"无限"的，能在任何时候获得所需资源量。

（5）服务可计量。云计算可按照多种计量方式（如按次付费或充值使用等）自动控制或量化资源，计量的对象可以是存储空间、计算能力、网络带宽或账户数等。

云计算安全或云安全指一系列用于保护云计算数据、应用和相关结构的策略、技术和控制的集合，属于计算机安全、网络安全的子领域。

云计算建立在虚拟化技术的基础上，在云上运行的操作系统、应用服务、软件仍然存在，传统的安全问题仍然需要依靠成熟的传统信息安全技术来提供安全防护。除此之外，还需要将虚拟化的安全纳入防护体系中。就其服务模式而言，还需要考虑云计算服务租赁模式下存在的一些特定安全问题，因此可以把云计算安全看成信息安全的一个全集，是传统信息安全在云计算环境下的继承和发展。

2. 云计算安全威胁

云计算给用户提供是计算资源、网络资源、存储资源等按需获取，但在应用系统提供服务方面并未发生革命性改变，云计算环境中，传统的身份认证与授权、注入攻击、信息泄露等各类安全问题仍然存在，还新增了合规性、数据安全及管理风险等问题。除了传统的信息安全风险，云计算还面临以下安全风险。

1）虚拟化平台安全

云计算是建立在虚拟化技术基础上的，网络、服务器、存储资源的虚拟化是云计算服务的基础支撑。虚拟化平台成为连接硬件与操作系统、应用服务之间的关键环节，虚拟化自身的安全问题会带来大量的安全风险，如虚拟化平台自身的安全漏洞、虚拟机穿透问题等。目前主流的虚拟化技术中都可能存在安全漏洞，而作为底层存在的虚拟化平台一旦存在安全漏洞，运行在虚拟化平台上的所有宿主机的安全都无法得到保障。

其次，在云计算环境中，不同的虚拟化管理组件，如虚拟化资源监视器、网络策略控制组件、存储控制组件等，是云计算环境管理、多租户业务和数据隔离的控制关键，若这些虚拟化管理组件出现漏洞被恶意利用，那么租户的系统和数据安全也无法得到有效的保障。

另外，云计算服务商为客户提供的接口或交互界面，第三方组织提供的增值服务、远程访问机制等存在漏洞也会给租户的系统和应用服务、数据带来安全风险。

2）用户数据管理风险

传统模式下，客户的数据和业务系统都位于客户的数据中心，在客户的直接管理和控制下。在云计算环境里，客户将自己的数据和业务系统迁移到云计算平台上，失去了对这些数据和业务的直接控制能力。客户数据以及在后续运行过程中生成、获取的数据都处于云服务商的直接控制下，云服务商具有访问、利用或操控客户数据的能力。数据和业务系统迁移到云计算平台后，其安全性主要依赖于云服务商及其所采取的安全措施。云服务商通常把云计算平台的安全措施及其状态视为知识产权和商业秘密，客户在缺乏必要的知情权的情况下，难以了解和掌握云服务商安全措施的实施情况和运行状态，难以对这些安全措施进行有效监督和管理，增加了客户数据和业务的风险。

（1）数据管理和访问失控的风险。云计算的技术特性决定了存储在云计算环境下的数据对用户存在失控的风险，主要原因在于数据的实际存储位置不受用户控制，云计算服务商对数据有更高的权限，而用户不能有效监管云服务商内部人员对数据的非授权访问和使用。

（2）数据管理责任的风险。传统模式下"谁主管谁负责，谁运营谁负责"的原则使得信息安全责任较清晰，而在云计算环境下，用户对自己数据的访问、利用、管理可能还需要得到云服务商的授权，这使得数据的管理和运营主体与数据的安全责任主体不同，相互之间的责任难以界定。

（3）数据保护的风险。由于目前云计算缺乏统一的标准，不同云计算平台的数据存储格式不同，并且存储介质由云服务提供商控制，用户对数据的操作都需要通过云服务商来进行，这使得用户无法真正有效地掌控自己的数据。例如，用户在退出云计算服务时，无法对云服务商是否真正实施了完全删除操作进行验证，由此可能造成数据残留风险。

3. 云计算安全防护

《中华人民共和国网络安全法》第二十一条明确规定："国家实行网络安全等级保护制度。"等级保护工作自 1994 年国务院 147 号令开始，历经二十多年的发展，政策法规、标准体系、测评管理已经基本完备。云计算虽然改变了传统的 IT 运营模式，发展成为资源租赁的形式，但从本质上看，云计算仍然是一类信息系统，同样需要按照等级保护的要求来建设和运维，等级保护标准 2.0 中已经明确，云计算平台可以作为一类定级对象进行单独定级。

云计算平台的防护体系应以等级保护为指导思想，根据云计算平台的安全需求，按照等级保护相关要求，将安全理念贯穿云计算中心建设、整改、测评、运维全过程。

从企业和个人应用角度来看，云计算安全的防护重点是通过有效的组织管理，保护云计算中用户数据的安全。

2.4.2   大数据安全

1. 大数据的概念

大数据是指大小超出常规数据库软件工具收集、存储、管理和分析能力的数据集。美国国家标准与技术研究院的大数据工作组在《大数据：定义和分类》中指出：大数据是指传统数据架构无法有效处理的新数据集。互联网的发展和大数据技术的创新应用使得数据逐渐成为物质、能源之后的第三大国家基础战略资源和创新性生产要素。大数据及大数据应用技术正在深刻影响并改变人类社会，未来人类社会将是数字化的社会。2017 年 12 月 8 日，习近平总书记在中共中央政治局第二次集体学习中强调，审时度势、精心谋划、超前布局、力争主动，实施国家大数据战略，加快建设数字中国。同世界主要国家一样，我国也将大数据列为国家战略发展的方向之一，大数据承担了推动经济转型发展、重塑国家竞争优势和提升政府治理能力的重要使命。

信息化的发展使得大量的数据产生，对这些数据的分析在任何领域都能带来不可估量的价值。依托数据分析，能提供业务发展趋势、预测天气、预防疾病和打击犯罪等。大数据在为人们生活带来便利、为技术带来进步的同时，也带来了诸多的安全问题，因此数据安全保障成为大数据应用和发展中面临的重大挑战。

2. 大数据平台安全

大数据安全的风险首先是基础设施的安全风险，也就是大数据承载平台自身的安全风险。大数据平台的安全风险包括多方面的问题，首先是我国企业目前对于大数据应用缺乏关键性技术，当前大数据平台软件均为开源或西方公司的商业软件，这使得我国在大数据应用中存在不确定性。其次，大数据平台软件也会存在安全漏洞，如广泛使用的大数据平台软件 Hadoop，在早期的 1.0 版本时几乎没有考虑安全性问题，直到 2.0 版本才逐步推出各类组件通过访问控制等方式提升系统安全性。尽管如此，由于易用性、版本适配、性能等问题，这些安全组件并未达到预期的安全防护效果。

3. 大数据生命周期安全

数据是有生命周期的，大数据在其数据采集、数据存储、数据处理、数据分发、数据删除等整个生命周期中都面临着威胁和挑战。

（1）数据收集阶段：数据源鉴别及记录、数据合法收集、数据标准化管理、数据管理职责定义、数据分类分级以及数据留存合规性识别等问题。

（2）数据存储阶段：存储架构安全、逻辑存储安全、存储访问安全、数据副本安全、数据归档安全等。

（3）数据处理阶段：数据分布式处理安全、数据分析安全、数据加密处理、数据脱敏处理以及数据溯源等。

（4）数据分发阶段：数据传输安全、数据访问控制、数据脱敏处理等。

（5）数据删除阶段：删除元数据、原始数据及副本，断开与外部的实时数据流链接等。

4. 大数据安全防护

为了确保大数据使用的安全，世界各国和相关组织机构都制定了大数据相关的法律法规和政策来推动大数据利用和安全保护，我国在数据开放、数据流通和个人信息保护方面进行了大量的探索和实践，结合我国国情指定了相应的法律、法规、标准对大数据安全进行规范和指导。

对于大数据平台安全，我国 2019 年发布的等级保护标准 2.0 中，明确大数据平台可作为定级对象进行等级保护定级，根据安全等级实施保护，并给出了大数据平台可参考的安全措施。

对于大数据安全，《信息安全技术　大数据安全管理指南》（GB/T 37973—2019）中给出了大数据安全管理的目标、主要内容、角色及职责、基本原则、安全需求，数据分类分级和大数据活动及安全要求。

对于大数据活动及安全要求，基于数据生命周期，将活动划分为数据采集、数据存储、数据处理、数据分发以及数据删除等。每一个阶段均给出了相应的安全要求。例如，在数据采集阶段，安全要求为：

➢ 定义采集数据的目的和用途，明确数据采集源和采集数据范围。

➢ 遵循合规原则，确保数据采集的合法性、正当性和必要性。

➢ 遵循数据最小化原则，只采集满足业务所需的最少数据。

➢ 遵循质量保障原则，制定数据质量保障的策略、规程和要求。

➢ 遵循确保安全原则，对采集的数据进行分类分级标识，并对不同类和级别的数据实施相应的安全管理策略和保障措施。对数据采集环境、设施和技术采取必要的安全管控措施。

2.4.3 移动互联网安全

移动互联网是移动通信和互联网发展到一定阶段的必然发展方向和融合产物。随着智能终端的普及与 5G 网络的全面铺开，移动互联网已经完全渗入人们的生活，根据工信部 2021 年 2 月通信业主要指标完成情况统计，国内移动互联网活跃用户数已经达到 13.4986 亿。

移动互联网是互联网的一个子集，由于智能终端的普及，加上移动互联网自身独有的特性和技术特点，使得移动互联网安全问题日益突出，也越来越受到关注。

1. 移动互联网安全风险

移动互联网的便利性以及无线传输的特性，使得越来越多的应用被迁移到移动互联网上，移动互联网也由此成为攻击者重点关注的目标，安全问题成为移动互联网的核心问题之一。移动互联网主要包括以下安全问题。

1）开放信道带来的安全风险

移动互联网依托于移动通信网络，其采用的无线通信信道不像有线通信信道那样受通信电缆的限制，但由于无线信道的开放性，使得它在给予移动用户自由通信体验的同时，也带来了相应的不安全因素，包括通信内容可能被窃听、篡改，通信用户身份可能被假冒等安全风险。

2）移动互联网应用安全性风险

移动互联网作为一个较新的领域，在管理层面上，相关法律法规不足，行业对安全风险的认识也存在一定的不足。移动互联网的迅猛发展使得厂商更多地关注应用，大量的移动互联网应用开发没有将安全列入软件生命周期中，对业务流程缺乏安全风险分析等，从而导致大量脆弱的业务系统，使得越来越多用户的个人利益受到侵害。

3）移动互联网用户终端安全风险

移动互联网用户使用的智能终端的功能不断多样化，越来越多的功能被集成到智能终端中实现，使得安全问题不断累积，为用户带来了越来越多的安全风险。

4）运营模式导致的安全问题

与传统的互联网终端不同，移动互联网终端是实时在线的，因此不同应用之间的竞争更加激烈，这使得移动互联网厂商更多地关注如何吸引用户的注意力，增强用户的黏着度。各种业务和服务提供商甚至个体都参与到移动互联网内容建设中，在使移动互联网内容繁荣发展的同时，也产生了一些不良的影响，例如一些应用为了提高点击率和留存，会在内容中添加或默许用户在提交的内容中包含一些"打擦边球"的内容，包括色情、虚假、夸大甚至非法言论，为社会稳定和精神文明带来不利的影响。

2. 移动互联网安全防护

移动互联网的蓬勃发展是一个必然趋势，伴随着移动互联网的发展，有针对性地进行研究，通过对移动互联网各环节的安全管控，综合采取多项措施，确保移动互联网具备多样化的网络安全威胁防护能力。目前，我国结合当前国情，从法律法规、政策、安全标准及行业管控等多个方面采取措施，有效地遏制移动互联网安全风险。

1）移动互联网技术系统安全

等级保护作为我国基本制度，对移动互联网安全提出了明确的要求，可将包括移动终端、移动应用和无线网络的系统进行单独定级，并明确了移动互联网等级保护的扩展要求。

2）移动互联网应用安全

移动智能终端中的各类服务由相应的 App 提供，而目前使用广泛的安卓系统平台具有开放性，使得恶意应用、山寨应用可借助管理不完善的应用分发渠道进入用户的智能终端中。国家相关监管部门与各应用商店经过多年的努力，逐步建立了 App 安全性审核机制，并在应用商店中对经过安全检测的应用给予安全相关标识。

3）个人隐私保护

由于智能手机的特殊性，大量的用户信息存储在智能手机中，移动应用开发商出于种种目的，未经用户许可或在用户不知情的情况下，采集用户数据，为用户个人隐私带来了安全隐患。国家互联网信息办公室 2016 年出台的《移动互联网应用程序信息服务管理规定》中明确了网民在使用移动互联网信息服务中的合法权益，为构建移动互联网的安全、健康、可持续发展的长效机制提供了制度保障。

2.4.4　物联网安全

1. 物联网安全概念

物联网（IoT）是把任何物品与互联网连接起来进行信息交换和通信，以实现智能化识别、定位、跟踪、监控和管理的一种网络，其核心和基础仍然是互联网，是将互联网延伸和扩展到任意的物品之间。经过二十多年的发展，物联网已经越来越多地融入人们的生活中，从智能家电、智能电器到与身体健康相关的智能穿戴设备，都极大地方便了人们的生活。

2013 年，物联网全球标准化工作组（IoT-GSI）将物联网定义为"信息社会的基础设施"。物联网允许在现有网络基础设施上远程检测或控制对象，将物理世界更直接地整合到基于计算机的系统中，并提高了效率、准确性和经济效益。物联网的快速发展使人类生活方式发生了改变，随着越来越多的智能设备应用在生产和生活领域，物联网所面临的安全威胁也日益增多。

2. 物联网安全风险

物联网的快速发展使得物联网业务深入多个行业，全方位影响人们生活，入网的终端数量剧增，与之相对应的是产业链中对信息安全的关注度不足，难以应对持续增长的物联网安全威胁。物联网在给人们生活带来便利的同时，也会给人们带来安全问题，因为连接了互联网，也就意味着可能被远程攻击者进行操控，从而带来安全威胁，甚至可能危及生命和财产安全。例如，通过对家庭中恒温控制器数据的收集，攻击者可了解什么时间有人在家；通过控制智能摄像头，攻击者可监视用户；通过对联网的门锁进行操控，攻击者可将用户拒之门外；等等。

物联网应用中面临的安全问题主要包括：

➤ 物联网导致的隐私泄露问题。

➤ 物联网平台存在的安全漏洞带来的安全问题。

➤ 物联网终端的移动性对信息安全带来的管理困难问题。

➤ 物联网设备快速增长，使得对设备的更新和维护都较为困难，终端设备的漏洞很难得到有效修复。

3. 物联网安全技术

与传统的互联网不同，物联网涉及感知、控制、网络通信、微电子、计算机、软件、嵌入式系统、微机电等技术领域，涵盖的关键技术非常多，因此物联网的安全虽然构建在互联网安全的基础上，但比互联网安全更为复杂。传统的互联网安全机制可以应用到物联网中，而物联网还需要有适应自身特点的安全机制。

典型的物联网体系结构通常包括感知层、传输层、支撑层和应用层四个层级，如图 2-16所示。

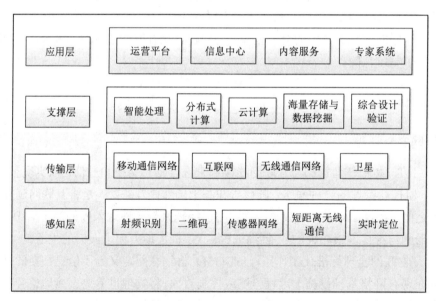

图 2-16　物联网体系结构

感知层的任务是全面感知外界信息，这一层的主要设备是各种信息收集器。感知信息要通过一个或多个与外界网络连接的传感节点，称为网关节点，所有与传感器内部节点的通信都要经过网关节点与外界联系。感知层的安全问题包括网关节点被控制、拒绝服务及接入节点的标识、识别、认证和控制问题。

传输层的任务是把感知层收集到的信息安全可靠地传输到信息支撑层,然后根据不同的应用需求进行信息处理,即传输层主要是网络基础设施。物联网是依托互联网构建的应用,拒绝服务攻击、欺骗等安全问题都会直接影响物联网的传输安全。

支撑层的主要工作是对节点采集的信息进行分析和过滤,判断接收到的信息是否真正有用,过滤掉垃圾甚至恶意信息。支撑层的安全问题包括来自终端的虚假数据识别和处理、可用性保护、人为干预等。

应用层执行具体的应用业务,所涉及的安全问题与业务特性相关,如隐私保护、知识产权保护、取证、数据销毁等。

物联网的安全防护应结合已有的网络安全防护技术和物联网各层特点的安全需求,针对性地采取措施,有效解决物联网的安全问题。

2.4.5 工业互联网安全

1. 工业互联网安全风险

工业控制系统(ICS)是由各种自动化控制组件和对实时数据进行采集、监测的过程控制组件共同构成的确保工业基础设施自动化运行、过程控制与监控的业务流程管控系统,现已广泛应用于核设施、钢铁、有色、化工、石油石化、电力、天然气、先进制造、水利枢纽、环境保护、铁路、城市轨道交通、民航以及其他与国计民生紧密相关的领域。《信息安全技术 工业控制系统安全控制应用指南》(GB/T 32919—2016)对工业控制系统的定义是:工业控制系统是一个通用术语,它包括多种工业生产中使用的控制系统,包括监控和数据采集系统(SCADA)、分布式控制系统(DCS)和其他较小的控制系统,如可编程逻辑控制器(PLC)。

1)SCADA

SCADA 是一种大规模的分布式系统,用来控制和管理地理位置广域分布的资产,在工业生产过程中,中央数据采集和集中控制对整个系统运行来说非常重要。SCADA 通常应用在供水工程、污水处理系统、石油和天然气管网、电力系统和轨道交通系统中。SCADA 控制中心集中监视和控制远距离通信网络中的野外现场节点设备,包括告警信息和过程状态数据等。中央控制中心依靠从远程站点获取的信息,生成自动化的或者过程驱动型的监视指令并发送至远程站点,以此来实现对远程装置的实时控制,这类远程装置就是工业领域的现场设备。现场设备操作类似阀门和断路器的开启/关闭,传感器数据采集和现场环境监视报警等本地作业。

2)DCS

DCS 又称为集散控制系统,是由过程控制级和过程监控级组成,以通信网络为纽带的多级计算机系统。DCS 综合了计算机、通信、显示和控制等技术,其基本思想是分散控制、集中操作、分级管理、配置灵活以及组态方便。

DCS 采用集中监控的方式协调本地控制器以执行整个生产过程。通过模块化生产系统,DCS 减少了单个故障对整个系统的影响。在许多现代化系统中,DCS 与企业系统之间设置接口以便能够将生产过程体现在业务整体运作中。DCS 常用于炼油厂、污水处理厂、发电厂、化工厂和制药厂等工控领域。

3）PLC

PLC 是在传统的顺序控制器的基础上引入了微电子技术、计算机技术、自动控制技术和通信技术而形成的一代新型工业控制装置，目的是取代继电器、执行逻辑、计时、计数等顺序控制功能，建立柔性的程控系统。国际电工委员会（IEC）对 PLC 的规定为：可编程控制器是一种数字运算操作的电子系统，专为在工业环境下应用而设计。它采用可编程序的存储器，在其内部存储执行逻辑运算、顺序控制、定时、计数和算术运算等操作的指令，并通过数字的、模拟的输入和输出，控制各种类型的机械或生产过程。可编程序控制器及其有关设备都应按易于与工业控制系统形成一个整体，易于扩充其功能的原则设计。PLC 广泛应用于几乎所有的工业生产过程，是 SCADA 或 DCS 控制系统中的一种关键组件。

伴随着"中国制造"向"中国智造"升级的过程，不仅信息化与工业化深度融合，云计算、大数据、人工智能、物联网等新一代信息技术也与制造技术加速融合。工业控制系统已经不再是过去那种封闭的领域，而是越来越多地采用通用协议、硬件和软件并与互联网等公共网络连接，形成新制造模式和业态。

工业控制系统可以说是国家关键基础设施的"中枢神经"，其中存在的安全问题给国家安全、社会稳定带来了巨大的挑战。与传统信息系统相比，我国工业控制系统安全领域薄弱环节相对更多，安全形式更为严峻。国家互联网应急中心（CNCERT）发布的《2020 年我国互联网网络安全态势综述》给出以下统计数据：我国根云、航天云网、OneNET、COSMOPlat、奥普云、机智云等大型工业互联网平台持续遭受来自境外的网络攻击，平均攻击次数达 114 次/日，同比上升 43%，攻击类型涉及远程代码执行、拒绝服务、Web 漏洞利用等。根据工业和信息化部 2018 年对二十家工业互联网龙头企业的二百多个重要工业互联网平台安全检测评估发现，平台使用企业缺乏足够的安全意识，对安全漏洞缺乏了解，对已经通报的漏洞不能进行及时跟踪处置，也缺乏安全管控、安全管理等能力。在 2019 年工业和信息化部组织的互联网攻防演练活动中，某典型工业互联网平台存在大量的安全漏洞，攻击者可利用漏洞获得平台内网系统控制权，并以此为跳板实现对内网其他设备的攻击，窃取敏感信息，甚至导致企业工业互联网平台瘫痪。

2. 工业互联网安全体系建设

工业互联网作为"中国智造"和"互联网+先进制造业"的核心要求，是推进制造强国和网络强国建设的重要基础，也是我国全面建成小康社会和建设社会主义现代化强国的有力支撑。我国工业互联网相关工作与西方国家同步启动，在框架、标准、测试、安全、国际合作方面已经取得了较好的进展。2019 年，工业和信息化部联合教育部、人力资源和社会保障部、生态环境部、国家卫生健康委员会、应急管理部、国务院国有资产监督管理委员会、国家市场监督管理总局、国家能源局、国家国防科技工业局等十部门共同印发了《加强工业互联网安全工作的指导意见》，使我国工业互联网安全体系建设迈出了重要的一步，对加快构建工业互联网安全保障体系，提升工业互联网安全保障能力，促进工业互联网高质量发展，推动现代化经济体系建设，以及护航制造强国和网络强国战略实施有着极其重要的意义。

《加强工业互联网安全工作的指导意见》给出了工业互联网安全体系建设的指导思想："围绕设备、控制、网络、平台、数据安全，落实企业主体责任、政府监管责任，健全制度机制、建设技术手段、促进产业发展、强化人才培育，构建责任清晰、制度健全、技术先进的工业互联网安全保障体系，覆盖工业互联网规划、建设、运行等全生命周期，形成事前防范、事中监测、事后应急能力，全面提升工业互联网创新发展安全保障能力和服务水平。"在此指导思想下，明确提出了达成目标的七个主要任务和四项保障措施。

（1）七个主要任务：

➢ 推动工业互联网安全责任落实。

➢ 构建工业互联网安全管理体系。

➢ 提升企业工业互联网安全防护水平。

➢ 强化工业互联网数据安全保护能力。

➢ 建设国家工业互联网安全技术手段。

➢ 加强工业互联网安全公共服务能力。

➢ 推动工业互联网安全科技创新与产业发展。

（2）四项保障措施：

➢ 加强组织领导，健全工作机制。

➢ 加大支持力度，优化创新环境。

➢ 发挥市场作用，汇聚多方力量。

➢ 加强宣传教育，加快人才培养。

第 3 章

网络与网络安全设备

阅读提示

本章主要介绍计算机网络的基本概念，并侧重介绍了防火墙、网闸等边界安全防护设备，入侵检测、网络安全审计、网络安全管理平台等各种不同类型的网络安全产品。通过学习，读者可了解保护网络安全的不同网络安全设备的作用和应用场景。

3.1 计算机网络与网络设备

3.1.1 计算机网络基础

1. 计算机网络的发展

计算机网络是指将地理位置不同的、具有独立功能的多台计算机及其外部设备，通过通信线路连接起来，在网络操作系统、网络管理软件及网络通信协议的管理和协调下，实现资源共享和信息传递的计算机系统。

世界上第一台计算机——电子数字积分计算机（ENIAC）于 1946 年 2 月 14 日在宾夕法尼亚大学诞生，主要被美国国防部用于弹道计算。ENIAC 占地约 170m²，使用了 18 000 个电子管，重达 30t，耗电功率约 150kw，每秒可进行 5000 次加法运算。ENIAC 的计算性能与现在的计算机相比微不足道，并且体积庞大、功耗高、易发热，但在当时却具有划时代的意义，因为它奠定了计算机的发展基础，标志着电子计算机时代的到来。ENIAC 的照片如图 3-1 所示。

图 3-1 ENIAC 照片

ENIAC 的诞生开启了计算机时代，但是早期的计算机由于体积庞大、价格昂贵，只能被少数大学或实验室拥有，并且一个时间段只允许一个用户进入机房中使用，这使得计算机的应用难以推广。为了解决应用上存在的问题，技术人员设计将多个计算机终端通过通信线路与计算机进行连接，并且允许多个用户从远程终端操作计算机，计算机网络由此诞生。早期计算机网络的典型应用是由一台计算机和全美范围内 2000 多个终端组成的飞机订票系统，当时人们把计算机网络定义为"以传输信息为目的而连接起来，实现远程信息处理或进一步达到资源共享的系统"。

出于军事研究的目的，美国国防部高级研究计划局开发出了世界上第一个封包交换网络阿帕网（ARPANET），发展到 1975 年，ARPANET 中接入的主机已经超过 100 台，具备了初步的网络规模。后来 ARPANET 被分为两部分，其中民用的部分移交给美国国防部通信局管理，从而形成了最初的互联网。1980 年，适用于不同类型网络环境的 TCP/IP 被研发出来，基于 TCP/IP 的不同类型计算机可以方便地进行信息交换。1982 年，ARPANET 开始采用 TCP/IP。1984 年，国际标准化组织制定了开放系统互连模型（OSI）标准。OSI 模型把网络通信工作分为七层，定义了不同类型的计算机之间的网络互连方式，世界上出现了具有统一标准的网络体系结构，遵循国际标准化协议的计算机网络得以迅猛发展，互联网由此诞生。

计算机网络发展到今天，已经向综合化、多样化、高速化发展，越来越多的设备被接入，互联网与现实社会融合得越来越紧密，并发展形成了网络空间。

2. 计算机网络的分类

1）广域网、城域网与局域网

计算机网络根据覆盖范围分为广域网（WAN）、城域网（MAN）和局域网（LAN）。广域网的作用范围通常为几十到几千千米，是互联网的核心部分，其任务是长距离（如跨越不同国家）传输主机所发送的数据，因此有时广域网也被称为远程网（LHN）。连接广域网各节点交换机的链路一般都是高速链路，具有较大的通信容量。城域网的作用范围一般是一座城市，可跨越几个街区甚至整座城市，其作用距离一般为几千米到几万米。城域网一般被一个或几个单位所拥有，但也可以是一种公用设施，用来将多个局域网进行互联。目前，很多城域网采用以太网技术，因此城域网也常被并入局域网的范围进行研究。局域网是将微型计算机或工作站通过通信线路连接，作用距离比较小，一般在 10 千米内，目前局域网已被广泛使用，学校、医院、企业等大型社会组织可能拥有多个互联的局域网，有时这样的网络也被称为校园网、专网、企业网等。

2）公众网与专用网

计算机网络按照用户类型可分为公众网和专用网。公众网是指由网络服务提供商建设，供公共用户使用的通信网络。公众网的通信线路是共享给公共用户使用的。专用网是某个组织为满足本组织内部的特殊业务需要而建立的网络，这种网络不向本组织以外的人提供服务，如政务专网、军网、电力专网、银行内网等。

3. 计算机网络拓扑

计算机网络的结构称为网络拓扑结构，是计算机或设备通过传输介质连接的物理模式。每一个计算机网络都由节点和链路构成。节点也称为网络单元，计算机网络中的节点分为两类：一类是转换和交换信息的转接节点，如交换机、集线器、路由器等；另一类是访问节点，包括计算机终端、移动终端、服务器等。链路是指两个节点间的连线，通常是连接不同节点的传输介质。常见的计算机网络拓扑结构有总线型拓扑、星型拓扑、环型拓扑、树型拓扑、网状拓扑和混合型拓扑。其中，星型拓扑是多个访问节点通过通信链路连接到一个中央节点进行相互通信组成的结构，中央节点根据集中的通信控制策略对不同访问节点的访问进行管理和控制。星型拓扑结构简单，连接方便，管理和维护都较为容易，并且扩展性强，是目前应用最广泛的网络结构，如图 3-2 所示。

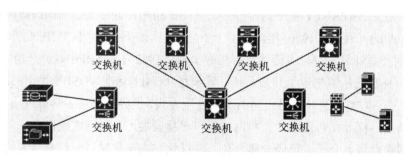

图 3-2　星型拓扑结构

星型拓扑网络的主要问题在于对中央节点可用性和可靠性要求较高，因为通信都经过中央节点，一旦中央节点发生故障，整个网络就会瘫痪，因此在高要求的网络中，通常会对中央节点采取备用系统的措施。

4. 无线局域网

无线局域网（WLAN）是无线通信技术与网络技术相结合的产物，是通过无线信道来实现网络设备之间的通信，是目前应用最为广泛的一种短程无线传输技术。无线局域网目前广泛使用的协议是 IEEE 802.11x 标准族。无线局域网包括以下基本概念。

> 无线接入点（AP）：用于将无线工作站与无线局域网进行有效连接。
> 服务集标识（SSID）：用于标识无线网络，可以将一个无线局域网分为几个需要不同身份验证的子网络；每个子网络都可以设置独立的身份认证和不同的安全策略，只有通过身份认证的用户才可以接入相应的子网络，获得相应的访问权限。
> 信道：以无线信号作为传输媒体的数据信号传送通道。在无线网络中，通常使用的信道为 13 个。设备应尽量使用不同的信道，以避免信号之间的干扰。

由于使用上的灵活和便利，无线局域网的应用日渐普及，很多城市已经将无线局域网建设作为智慧城市建设的重要组成部分。应用越广泛也意味着面临越来越多的安全问题。如何有效地保护无线局域网，为用户提供良好的服务是信息安全工作者无法逃避的挑战。针对无线局域网的安全特点，应从管理、技术方面采取措施，保障无线局域网使用的安全。

（1）将无线局域网安全管理纳入组织机构总体安全策略中。

> 结合组织机构业务需求对无线局域网的应用进行评估，制定使用和管理策略。
> 限制无线局域网的使用范围，如仅用于互联网资料查询和日常办公应用。
> 明确定义并限制无线局域网的使用范围，尽量不在无线网络中传输和处理机密与敏感数据。

（2）应用安全技术保护无线局域网安全。

> 为访客设立独立的接入网段，并在无线局域网与业务网之间部署隔离设备。
> 对无线局域网接入使用安全可靠的认证和加密技术，如果有必要，可以使用其他增强认证机制。
> 部署入侵检测系统以发现可能的攻击并定期对无线局域网的安全性进行审查。

3.1.2　网络互连设备

为了实现设备之间的相互通信和资源共享，不仅需要从物理上将网络连接起来，还需要解决两个网络之间相互访问和通信协议方面的差异、处理速率与带宽的差别等问题，这些用于连接设备、网络及进行相互协商、转换的部件就是网络互连设备。

1. 网卡

网卡是网络接口卡（NIC）的简称，它是计算机或其他网络设备所附带的适配器，用于与其他计算机或网络设备进行通信。每一种类型的网络接口卡都是分别针对特定类型的网络设计的，如以太网、令牌网或者无线局域网等。每个网络适配器都有一个独一无二的 48 位串行号，被写在卡上的一块 ROM（只读内存）中，称为物理地址或 MAC 地址。MAC 地址是全球唯一的，由电气与电子工程师协会（IEEE）负责为网卡生产商进行分配。MAC 地址被作为计算机网络通信中的一种寻址机制。在 OSI 七层模型中，网卡工作在第二层，即数据链路层，因此网卡是一个二层设备，MAC 地址也是网络通信中二层的地址。

2. 中继器

中继器是连接网络线路的一种装置，常用于两个网络节点之间物理信号的双向转发工作。由于信号在传输线路中会有损耗，在线路上传输的信号功率会逐渐衰减，衰减到一定程度时将造成信号失真，导致接收错误，因此承载信息的数字信号或模拟信号只能传输有限的距离。中继器通过对传输的数据信号进行复制、调整和放大来延长网络中信号传输的距离。从理论上讲，中继器的使用是无限的，可以把网络延长到任意长的传输距离，但实际上这是不可能的，因为网络标准中对信号的延迟范围做了具体的规定，中继器只能在此规定范围内进行有效的工作，否则会引起网络故障。因此实际生产环境中，很多网络都限制了在同一对工作站之间加入的中继器数量（如在以太网中限制最多使用 4 个中继器）。

中继器对信号的复制、放大等功能都是在物理层上实现的，因此中继器是一个工作在物理层的设备。

3. 集线器

集线器也称为 HUB，它的工作原理与中继器相同。简单来说，集线器就是一个多端口的中继器，它把一个端口上收到的数据广播发送到其他所有端口上。集线器也是一个工作在物理层的设备。

4. 网桥

网桥也叫桥接器，是用于连接两个局域网的一种存储/转发设备。网桥可用于将一个大的局域网分割为多个网段，或者将两个或多个局域网进行连接，使得所有用户相互访问。网桥的作用与中继器类似，但网桥工作在数据链路层，与中继器直接对物理信号进行转发和增强不同，网桥需要分析数据帧的地址字段，以决定是否把收到的数据帧转发到另一个网络里。网桥可用于运行相同的高层协议的设备之间的通信，也可连接不同传输介质的网络。

5. 交换机

交换机是一种用于电（光）信号转发的网络设备。交换机是多端口的网桥，为接入交换机的任意两个网络节点提供独享的信号通路。最常见的交换机是以太网交换机，其他常见的还有电话语音交换机、光纤交换机等。交换机是一种网络扩容设备，能为子网提供更多的网络接口，以连接更多的计算机。网络交换机作为一种性价比高、灵活度高、简单和易于实现的网络互连设备，已经成为目前最重要的组网设备。

交换机工作在数据链路层，与工作在物理层的集线器的本质区别在于，交换机为交换数据的两台设备之间提供的是"独享通路"。两台计算机设备进行通信时，如果使用集线器进行连接，则接入集线器的所有网络节点都会收到通信信息（也就是以广播形式发送），而如果通过交换机连接，除非发送方通知交换机广播，否则信息仅被接收方接收，其他网络节点都不会收到。

交换机作为使用最广泛的网络互连设备，根据市场需要发展出不同类型的产品，如三层交换甚至四层交换，但无论如何，其核心功能仍然是基于二层的数据包交换，只是带有一定的处理 IP 层甚至更高层数据包的能力。

6. 路由器

路由器是工作在 OSI 模型中第三层（网络层）的网络设备，对不同网络之间的数据包进行存储、分组转发处理。路由器连接的网络可以对应一个物理网段，也可以对应若干个物理网段，因此适合于连接复杂的大型网络，在多个网络环境中，构建灵活的连接系统，通过不同的数据分组以及介质访问方式对各个网络进行连接。

路由器与交换机相比有明显的变化和不同，交换机工作在数据链路层，不能连接数据链路层有较大差异的网络，但是路由器不同，它可以用于连接下三层执行不同协议的网络，只要使用相同的网络层协议，就能通过路由器进行连接。在目前互联网使用的 TCP/IP 协议族中，路由器使用网络层地址（IP 地址）作为寻址机制进行数据包转发，将信息从源地址传送到目的地址。路由器是互联网的主要节点设备，作为不同网络之间互相连接的枢纽，构建了基于 TCP/IP 的互联网基本骨架。路由器的处理速度通常决定了网络通信的速率，可靠性直接影响网络之间通信的质量，因此路由器的技术始终处于互联网技术研究的核心地位。

7. 网关

网关又称网间连接器、协议转换器，是复杂的网络互连设备，用于连接网络层之上执行不同协议的子网，组成异构型的因特网。网关的作用是对不同的通信协议、数据格式或语言，甚至体系结构完全不同的两种系统直接进行数据转换，从而实现异构网络之间的通信。与网桥简单地传达信息不同，网关需要对数据包进行解包和重构，以适应目的系统的需求。由于历史原因，很多 TCP/IP 的文献曾经把网络层使用的路由器称为网关，因为大量的基于 TCP/IP 的局域网都采用路由器来接入网络，因此通常指的网关就是路由器。随着技术的发展，越来越多的设备提供了类似的功能，例如为了网络安全，现在很多系统在网络接入处部署防火墙，而防火墙提供了路由的功能，并作为整个网络接入其他网络的网关。

3.1.3　网络传输介质

传输线路是信息发送设备和接收设备之间的物理通路，不同传输介质具有不同的安全特性，同轴电缆、双绞线和光纤是使用比较广泛的有线传输介质。

1. 同轴电缆

同轴电缆的结构由里到外分为四层：中心铜线（单股的实心线或多股绞合线）、塑料绝缘体、网状导电层和电线外皮。中心铜线和网状导电层形成电流回路，用于传输数据。同轴电缆显著的特征是频带较宽，其中高端的频带最大可达 10GHz，在电视信号及信号馈线的传输过程中具有良好的应用效果，实际的应用较为广泛，在有线传输技术组成中占据着重要的地位。

同轴电缆使用总线型拓扑结构，在一根电缆上连接多个设备，但是当其中一个地方发生故障时，会串联影响到线缆上的所有设备，可靠性存在不足，并且故障的诊断和修复难度都较大，因此在应用上逐渐被双绞线或光纤取代。

2. 双绞线

双绞线由四对不同颜色的传输线组成，是目前局域网使用最广泛的互连传输介质。虽然相比同轴电缆，双绞线的速率偏低，抗干扰能力较差，但由于性能可靠、成本低廉，因此在网络通信中应用广泛。为了解决双绞线抗干扰能力差的问题，目前使用时还在双绞线外包裹一层金属屏蔽层，减少辐射并阻止外部电磁干扰，使得传输更稳定可靠。随着技术的不断发展，双绞线传输带宽也在逐步扩大，从最初的仅能用于语音传输的一类线发展到目前达到 10Gb/s 带宽的七类线，能够满足信息化发展的需要。

一类线线缆最高频率带宽是 750kHz，用于报警系统或只适用于语音传输（一类标准主要用于 20 世纪 80 年代初之前的电话线缆），不用于数据传输。

二类线线缆最高频率带宽是 1MHz，用于语音传输和最高传输速率 4Mb/s 的数据传输，常使用 4Mb/s 规范令牌传递协议的旧的令牌网。

三类线的传输频率为 16MHz，最高传输速率为 10Mb/s，目前已淡出市场。

四类线的传输频率为 20MHz，最高传输速率为 16Mb/s，未被广泛采用。

五类线增加了绕线密度，外套一种高质量的绝缘材料，线缆最高频率带宽为 100MHz，最高传输速率为 100Mb/s，是最常用的以太网电缆。

超五类线主要用于千兆位以太网（1000Mb/s），超五类线具有衰减小、串扰少以及时延误差小的特性。

六类线的传输频率为 1～250MHz，六类线的传输性能远远高于超五类线标准，最适用于传输速率高于 1Gb/s 的应用。

七类线的传输速率为 10Gb/s，可用于今后的万兆比特以太网。

3. 光纤

光纤通信技术使用光作为信息传输的媒介，光导纤维被封装在塑料的保护套中，一端用发光的二极管产生一个光信号，另一端是一个光敏元件，用于检测光脉冲信号。由于光在光导纤维中传输损耗非常低，因此光纤可用于长距离的信息传递。相比同轴电缆、双绞线等其他的有线传输技术，光纤通信传输技术有着自身独特的优势，具有高带宽、信号衰减小、无电磁干扰、材料抗腐蚀、重量轻和不易被窃听等特点。但光纤的成本相对较高，并且其安装和维护都需要专业设备。

4. 无线传输

无线通信是通过电磁波来进行信息交流的通信方式，最大的特点是不用连接线来传导信号。近几年，无线通信技术迅猛发展，广泛应用于各个领域。无线通信网络之所以得到广泛应用，是因为无线网络的建设不像有线网络那样受地理环境的限制，无线通信用户也不像有线通信用户那样受通信电缆的限制，而是可以在移动中通信。无线通信网络的这些优势都来自其所采用的无线通信信道，而无线通信信道是一个开放性信道，它在赋予无线用户通信自由的同时，也给无线通信网络带来一些不安全因素，如通信内容容易被窃听、通信内容可以被更改和通信双方身份可能被假冒等。

3.2　防　火　墙

3.2.1　防火墙的概念

防火墙的概念最早来自建筑行业，为了防止火灾蔓延，人们在寓所之间砌起一道道砖墙，当火灾发生时，由于砖墙不可燃烧，就能防止火势蔓延。计算机设备或网络与其他的网络连接（如接入互联网）后，虽然可以访问互联网中的数据，但与此同时，互联网中的计算机和网络也可以访问连接互联网的计算机设备或网络，这使得互联网中的攻击者和恶意代码可能通过互联网对联网的计算机设备、网络发起攻击。为了保护内部计算机和网络安全，需要在内部网络和外部网络之间竖起一道安全屏障，这道屏障的作用是阻断外部通过网络对内部网络、计算机设备的威胁和攻击，因其作用与防火砖墙类似，故这个屏障也被称为"防火墙"，如图 3-3 所示。

在信息安全中，防火墙就是一种网络安全产品，可用于隔离两个不同安全要求的网络。通常情况下，防火墙用于两个不同安全要求的安全域之间，根据定义的访问控制策略，检查并控制这两个安全域之间的所有流量。防火墙作为两个不同安全级别网络连接的桥梁，同时对进出网络边界的数据进行保护，防止恶意入侵、恶意代码的传播等，保障内部网络数据的安全。

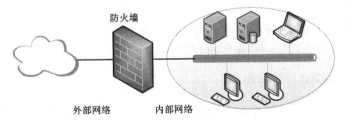

图 3-3　防火墙在网络中的位置

防火墙的功能和特性使得它在网络安全中得到广泛应用，防火墙产品是目前市场上应用范围最广、最易于被客户接受的网络安全产品之一。从企业应用到家庭网络防护，甚至到个人计算机安全的防护，防火墙都在发挥着积极的作用。

3.2.2　防火墙的典型技术

1. 静态包过滤

静态包过滤是防火墙的基本功能。标准的防火墙产品工作在 OSI 模型或 TCP/IP 的网络层和传输层，静态包过滤根据通过防火墙的数据包中的网络层、传输层标记（源地址、目的地址、源端口号、目的端口号、数据的对话协议及数据包头中的各个标志位等因素），按照防火墙中设置好的策略（即防火墙过滤规则），对数据包进行规则匹配，以决定是否允许该数据包通过。以使用防火墙保护网站服务器为例，由于 Web 服务默认使用 80 端口，而该服务器上只提供了一个网站服务，没有提供其他任何服务，所以需要设置防火墙规则如下：允许通过的数据包为任意源 IP，任意源端口，传输协议为 TCP，目的 IP 为 Web 服务器 IP，目的端口为 TCP 80。

只有符合以上规则的数据包可以通过，其他数据包全部被丢弃。

在这样的规则下，防火墙只允许远程用户访问 Web 服务，也就是网站服务的数据包通过，其他的访问的数据包都会被丢弃。即使服务器上有其他服务存在漏洞，攻击者也无法进行攻击，因为所有的访问报文都会被防火墙拦截并丢弃。

包过滤技术是防火墙最常用的技术，也是最基础的技术。包过滤技术在应用中有以下优点。

➢ 逻辑简单，功能容易实现，设备价格便宜。

➢ 在处理速度上具有一定的优势。由于所有的包过滤防火墙的操作都是在网络层上进行的，且在一般情况下仅仅检查数据包头，所以处理速度很快，对网络性能影响较小。

➢ 过滤规则与应用层无关，无须修改主机上的应用程序，易于安装和使用。

包过滤技术在应用中有以下缺点。

➢ 过滤规则集合复杂，配置困难，需要用户对 IP、TCP、UDP 和 ICMP 等各种协议有深入了解，否则容易出现因配置不当带来的问题。

➢ 对于网络服务较多、结构较为复杂的网络，包过滤的规则可能很多，配置起来复杂，而且不易检查、验证配置结果的正确性。

➢ 由于过滤判别的只有网络层和传输层的有限信息，所以无法满足对应用层信息进行过滤的安全要求。

➢ 不能防止地址欺骗，不能防止外部客户与内部主机直接连接。

➢ 安全性较差，不提供用户认证功能。

2. 代理防火墙与网络地址转换

代理技术是面向应用级防火墙的一种常用技术。防火墙是内部网络和外部网络进行数据通信的转接者，当内部计算机与外部计算机进行通信时，内部计算机与外部计算机的请求都发送到防火墙，然后由防火墙把请求转发给真正的主机。

代理防火墙在应用中支持网络地址转换（NAT），所以能更好地应用于企业内部地址防护。NAT 的作用是将内部的私有 IP 地址转换成可以在公网使用的公网 IP。NAT 最初是为了解决互联网 IP 地址短缺问题而设计的，通过地址转换，多台计算机可以使用一个公网 IP 地址接入互联网中，由于 NAT 实现上与代理防火墙工作模式类似，即对数据包进行转换，因此互联网上的计算机收到的数据包是防火墙外部网络的 IP 地址而不是内部计算机的私有地址，也就无法知道发出该数据包的真正计算机，从而很好地隐藏了内网 IP 地址，也因此增加了网络安全性。

代理防火墙具有以下优点。

➢ 可避免内外网主机的直接连接，从而可以隐藏内部 IP 地址，更好地保护内部计算机。

> 可以提供比包过滤更详细的日志记录，如在一个 HTTP 连接中，包过滤只能记录单个的数据包，而应用代理防火墙还可以记录文件名、URL 等信息。

> 可以与认证、授权等安全手段方便地集成，面向用户授权。

> 为用户提供透明的加密机制。

代理防护实现有以下技术缺点。

> 由于需要对数据包进行处理后转发，处理速度比包过滤防火墙慢。

> 需要针对不同的应用进行开发、设置，可能导致对部分应用不支持。

3. 状态检测技术

状态检测防火墙又称动态包过滤防火墙，是对传统包过滤功能的扩展。状态检测防火墙实质上也是包过滤，但它不仅对 IP 包头信息进行检查过滤，还要检查包的 TCP 头部信息甚至包的内容。同时，引入了动态规则的概念，允许规则动态变化。状态检测防火墙通过采用状态监视器，对网络通信的各层（包括网络层、传输层以及应用层）实施监测，抽取其中部分数据，形成网络连接的动态信息，如图 3-4 所示。例如，通过记录网络上两台主机间的会话建立信息来保留连接的状态，判断从公共网络上返回的包是否来自可信主机。

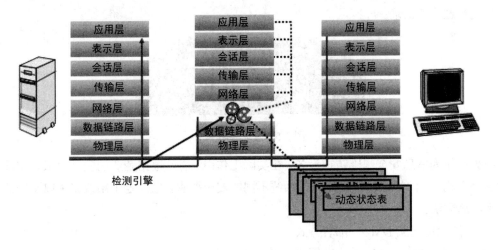

图 3-4　状态检测防火墙的工作原理

状态检测防火墙可以根据实际情况，自动地生成或删除安全过滤规则，不需要管理人员手工设置。状态检测防火墙通过对数据包的数据抽取，记录形成状态信息，不仅包括数据包的源地址、源端口号、目的地址、目的端口号、使用协议等五元组，还包括会话当前的状态属性、顺序号、应答标记、防火墙的执行动作及最新报文的寿命等信息，甚至针对不同协议的状态记录不同的表现情况，常见的有 TCP 状态、UDP 状态、ICMP 状态。例如，能够对 TCP 的顺序号进行检测操作，通过对 TCP 报文的顺序号字段的跟踪监测，防止攻击者利用已经处理的报文的顺序号进行重放攻击。

状态检测防火墙的优点主要体现在以下几个方面。

> 状态检测能够与跟踪网络会话有效地结合起来，并通过会话信息决定过滤规则。能够

提供基于无连接协议（如域名解析协议）的应用及基于端口动态分配协议（如远程过程调用）的应用的安全支持。

➢ 对通过的每个包都具有记录详细信息的能力，各数据包状态的所有信息都可以被记录，包括应用程序对包的请求、连接持续时间、内部和外部系统所做的连接请求等。

➢ 安全性较高，状态检测防火墙结合网络配置和安全规定做出接纳、拒绝、身份认证、报警或给该通信加密等处理动作。一旦某个访问违反安全规定，就会拒绝该访问，并报告有关状态，做日志记录。

状态检测机制主要有以下缺点。

➢ 检查内容比包过滤检测技术多，所以对防火墙的性能提出了更高的要求。

➢ 状态检测防火墙的配置非常复杂，对于用户的能力要求较高，使用起来不太方便。

3.2.3 防火墙企业部署

企业级防火墙是一种专用的网络安全产品，通常是一种软硬一体的专用设备，如图 3-5 所示。企业级防火墙通常有多个网络接口，能连接多个不同的网络，然后根据策略对网络间的通信数据进行过滤和记录。

图 3-5　企业级防火墙

防火墙作为信息安全基础防护设备，在实际工作中，需要根据企业的安全要求和实际环境考虑部署方式。不同的组合方式体现了系统不同的安全要求，也决定了系统将采取不同的安全策略和实施方法。

1）单防火墙（无 DMZ）部署方式

DMZ（Demilitarized Zone，非军事区或隔离区）是一种网络区域，是指在不信任的外部网络和可信任的内部网络之间建立一个面向外部网络的物理或逻辑子网，该子网一般用来安放对外部网络提供服务的主机。

单防火墙(无 DMZ)系统是最基本的防火墙部署方式，适用于无对外发布服务的企业，仅提供内部网络的基本防护。这种防火墙部署方式只需区分内部网络和外部网络，防火墙作为内部网络和外部网络的隔离设备，主要起两个作用。首先，防止外部主机发起与内部受保护资源的连接，从而防止外部网络对内部网络的威胁。其次，过滤和限制从内部主机通往外部资源的流量。单防火墙（无 DMZ）部署方式如图 3-6 所示。

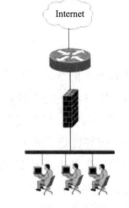

图 3-6　单防火墙（无 DMZ）部署方式

单防火墙（无 DMZ）系统适用于家庭网络、小型办公网络和远程办公网络的环境，在这些环境中，主要需求为内部网络受控地访问外部网络资源，并且通常在这些内部网络中很少或没有需要外部网络来访问的资源。

2）单防火墙（DMZ）部署方式

如果企业存在对外发布服务的需求，如企业自建了 Web 服务网站、FTP 或电子邮件系统，并且这些服务器都希望自己进行管理，那么在防火墙应用中，可以采取单防火墙（DMZ）部署方式。

防火墙产品根据功能和扩展能力不同，通常可以提供一个或多个 DMZ。出于安全的考虑，可以将对外发布的服务器部署在 DMZ 中，如图 3-7 所示。

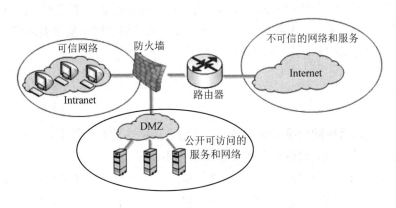

图 3-7　单防火墙（DMZ）部署方式

在这种设置中，一个防火墙提供了三个不同端口，其中一个连接外部网络，一个连接内部可信网路，一个连接 DMZ。DMZ 用于放置一些允许外部网络访问的公开服务系统，如 Web 系统、邮件系统等。由于 DMZ 中的服务器需要提供互联网访问的服务，因此可能遭受来自互联网的攻击，将这些服务器部署在 DMZ 中，与内部网络进行隔离，即使 DMZ 中的服务器被攻击者控制，受防火墙策略的限制，攻击者也无法通过 DMZ 中的服务器对内部网络中的计算机发起攻击。

单防火墙（DMZ）部署方式下，可设置的 DMZ 数量依赖于使用的防火墙产品所能支持和扩展的 DMZ 端口的数量。在单防火墙（DMZ）部署中，可以根据不同的安全要求将各种不同类型的公共服务放在不同的 DMZ 中，并根据需要对外部网络、内部网络、DMZ 网络之间的流量进行控制。在这种部署方式下，无论是单个 DMZ 还是多个 DMZ，由于所有流量都必须通过单防火墙，防火墙需要根据设置的规则对流量进行控制，因此对防火墙性能的要求较高，如果受到拒绝服务攻击，防火墙可能会因为性能不足导致服务降级甚至服务中断，整个组织机构的进出流量都将受到影响。

3）双（多）防火墙体系结构

双（多）防火墙体系结构将两个或多个防火墙部署在不同安全级别的网络之间，这种部署方式为不同安全区域之间的流量提供了更细粒度的控制能力。例如，双防火墙部署使用两个防火墙作为外部防火墙和内部防火墙，在两个防火墙之间形成了一个非军事区网段。

双（多）防火墙体系结构中粒度控制来自每个防火墙控制所有进出网络的流量的子集，每个防火墙都是独立的控制点，分别独立控制不同安全区域之间的流量。相比单防火墙部署，双（多）防火墙部署方式要复杂得多，但是能提供更为安全的系统结构。另外要指出的是，在双（多）防火墙体系结构中，当防火墙产品选自不同厂商时，将提供附加的安全，因为在这种情况下，攻击者需要攻破两个异构的防火墙，而且需要使用针对不同防火墙产品的攻击手段，因此为内部网络提供了更高级的安全。

双（多）防火墙体系结构的缺点是实施复杂和费用较高。在复杂性方面，双（多）防火墙体系结构通常需要在DMZ网段实施某些方式的路由，以允许不同网络安全域之间的流量通过；在费用方面，不仅需要购买多台防火墙设备，而且在实施和维护上需要更多的费用，特别是当这些防火墙来自不同厂商时。因此，双（多）防火墙体系结构适用于安全要求级别较高的环境，如政府、电信、银行等组织机构的系统中。

3.2.4　防火墙的局限性

防火墙虽然是最常用的网络安全设备，但网络安全面临的难题很多，防火墙只能解决其中一小部分问题，同时，防火墙依然存在很多局限和不足。

（1）防火墙难于管理和配置，易造成安全漏洞。防火墙的管理及配置大都比较复杂，要想成功地维护防火墙，要求防火墙管理员对网络安全攻击的手段及其与系统配置的关系有相当深刻的了解。

（2）防火墙防外不防内，不能防范恶意的知情者。目前防火墙只提供对外部网络用户攻击的防护，对来自内部网络用户的攻击无能为力。

（3）防火墙只实现了粗粒度的访问控制。防火墙出于安全或集成化的要求，通常很难与企业内部使用的其他安全机制（如访问控制）集成使用，这样企业就必须为内部的身份验证和访问控制管理维护单独的数据库。

（4）很难为用户在防火墙内外提供一致的安全策略。许多防火墙对用户的安全控制主要是基于用户所用机器的IP地址，而不是用户身份，这样就很难为同一用户在防火墙内外提供一致的安全控制策略，限制了企业网的物理范围。

（5）防火墙不能防范病毒和某些网络攻击。尽管某些防火墙产品提供了在数据流通过时的病毒检测功能，但是病毒容易通过压缩包、加密包等方式流进网络内部。防火墙对于某些网络攻击也无能为例，如攻击者使用合法用户身份、从合法地址来攻击系统、窃取内部网络秘密信息时，防火墙不能阻止。

3.3 边界安全防护设备

3.3.1 入侵防御系统

入侵防御系统（IPS）是结合了入侵检测、防火墙等基础机制的安全产品，通过对网络流量进行分析，检测入侵行为并产生响应以中断入侵，从而保护组织机构信息系统的安全。

入侵防御系统的优势在于能对入侵的行为实现及时的阻断。传统的防火墙、入侵检测防护体系中，入侵检测发现攻击行为并产生报警后，还需要防火墙管理人员设置针对性的策略对攻击源进行封堵，整个流程使得防御相对攻击检测有所滞后。为了应对这一问题，部分厂家将入侵检测与防火墙实现联动，入侵检测发现攻击后通知防火墙进行阻断，但是由于缺乏相应的标准，需要安全厂商相互的协商接口，使得入侵检测与防火墙联动在实际应用中难以推广。而入侵防御系统通常采用串接的方式部署在网络中，在检测到入侵行为时，根据策略实时对入侵的攻击源和攻击流量进行阻拦，从而极大地降低了入侵的危害。

入侵防御系统是集检测、防御于一体的安全产品，可对明确判断为攻击的行为采取措施进行阻断，无须人员介入，也可能由于误报导致拦截正常的用户行为，因此入侵防御系统是一种侧重风险控制的解决方案。

3.3.2 网闸

网闸也称物理隔离系统或安全隔离与信息交换系统，是为了满足我国涉及国家秘密的计算机系统必须与互联网物理隔离的要求，提供数据交换服务的一类安全产品。2000 年 1 月 1 日起施行的《计算机信息系统国际互联网保密管理规定》中明确要求："涉及国家秘密的计算机信息系统，不得直接或间接地与国际互联网或其他公共信息网络相联接，必须实行物理隔离。"根据该管理规定，所有涉及国家秘密的计算机信息系统都必须从物理层上与互联网完全隔离，从根本上杜绝来自外部网络的攻击。然而，由于业务的需要，涉及国家秘密的计算机信息系统也需要与外部计算机网络进行信息交换，这些需要交换的信息可能数据量较大、具有实时性要求，这就使得采用人工进行数据交换的方式无法满足业务需要。为了解决这一问题，网闸应运而生。

网闸通常由两个独立的系统分别连接可信网络（如涉密网）和非可信网络（互联网），两个相互独立的系统之间采用特定的安全隔离组件进行连接。安全隔离组件由隔离开关和数据暂存区构成，隔离开关是定制研发的安全组件，将数据暂存区分别连接到可信网络和非可信网络。隔离开关同一时间只能连接两个独立系统之一，不能同时连接两个系统，并且隔离开关的连接和断开不受任何软件控制，周期性地在两个系统之间切换。网闸工作原理示意图如图 3-8 所示。

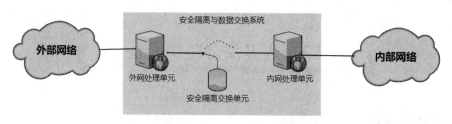

图 3-8 网闸工作原理示意图

当数据需要从外部网络（非可信网络）传送到内部网络（可信网络）时，由连接到外部网络的系统将数据复制到数据暂存区（隔离开关将暂存区连接到非可信系统），当一个周期结束后，隔离开关切换，将暂存区从连接非可信系统断开，接入连接内部网络的系统中，由连接内部网络的系统从暂存区中将数据读取出来，从而实现数据的传递。这个过程可以理解为两台不联网的计算机手工进行数据交换的自动化实现。如果需要数据的双向交换，操作与此类似。在整个过程中，内外网之间的连接已经完全从物理上断开，因此进行数据交换的两个系统不会存在物理上的通路，各自连接的可信网络和非可信网络之间也就实现了在物理隔离的前提下进行数据交换。另外，为了保障安全，网闸设备通常还集成了其他的安全机制，如集成防病毒功能，可对交换的数据进行检测，避免其中携带的计算机病毒导致安全风险；集成文件过滤机制，对交换数据的类型进行过滤，仅允许特定类型的数据文件通过，不允许交换的数据中有可执行程序，避免木马病毒伪装成数据通过网闸进入可信网络等。

网闸虽然最初是为物理隔离交换数据而设计，但随着应用的不断发展，也逐步诞生了协议隔离等其他不同的技术，发展成为比防火墙安全级别更高的网络设备，用于保护要求较高的网络与其他不可信网络之间的数据交换。

网闸作为一种边界安全防护设备，与防火墙有明显的不同。防火墙是实现逻辑隔离，在数据交换时，会话双方直接或间接建立了基于通信协议的会话，防火墙仅根据规则对会话是否允许进行管理，符合规则的情况下双方就能进行数据交换，会话时双方是实时连接的。而网闸是实现物理隔离或协议隔离，网闸中的专有硬件将会话双方从物理层或链路层断开，因此会话双方是非实时连接的。

正是由于网闸具有非实时连接、需要专有硬件的特点，因此对应用的支持有限，通用性方面不如防火墙。网闸作为高安全级别要求的边界防护产品，更注重内部网络的安全防护，是风险优先的安全防护产品，与防火墙的定位和应用场景不同，二者是互补的网络安全产品，不能相互取代。

3.3.3 上网行为管理产品

上网行为管理产品是对内部网络用户的互联网行为进行控制和管理的边界网络安全产品，主要为了解决日益增长的互联网滥用及非法互联网信息防护问题。上网行为管理产品的功能包括对网页的访问过滤、网络应用控制、带宽及流量管理、互联网传输数据审计、用户行为分析等。在组织机构的互联网出口处部署上网行为管理产品，能有效地防止内部人员接触非法信息、恶意信息，避免国家、企业秘密或敏感信息泄露，并可对内部人员的互联网访问行为进行实时监控，对网络流量资源进行管理，对提高工作效率有极大的帮助。上网行为管理产品适用于需对内部访问外部行为进行内容管控与审计的机构。

上网行为管理产品技术的发展经历了从 URL 过滤到多种技术结合的长期过程。早期的上网行为管理只是建立一个有害网站的清单，与用户访问互联网中请求的 URL 进行比对，如果符合阻止访问的请求，设备就阻止该内部访问请求，不允许内部用户进行访问，并且对该用户的行为进行记录并发出警告。上网行为管理针对邮件的收发管控也是类似机制，只是将 URL 过滤改为邮件地址过滤。

经过多年的发展，现在的上网行为管理产品可实现的功能通常包括以下方面。

1）上网身份管控

上网行为管理产品提供用户管理系统或支持第三方账户管理系统（如组织机构中的单点登录系统），结合多种身份鉴别方式确保访问互联网人员的合法性，并根据不同的身份给予不同的互联网使用权限。部分上网行为管理产品甚至可以结合终端管理软件对上网行为的终端进行管控，通过对终端的硬件信息、操作系统进行识别，确保进行上网操作终端的合法性。

2）互联网浏览管控

除对用户互联网浏览请求中的 URL 进行管控外，上网行为管理产品已经逐步从 URL 过滤发展到对内容的管控，例如，对搜索关键字进行识别、记录和阻断，确保用户无法搜索非法内容，避免由于搜索非法关键字带来的负面影响。通过对网页中文字、图像甚至视频的识别，确保访问的网页没有非法和欺骗性内容等。

3）邮件外发管控

对利用邮件发送协议（SMTP）进行邮件外发的行为，除了对邮件接收地址的过滤，还可基于邮件的标题、正文中的文字、附件的内容识别进行阻断和记录，避免敏感信息通过邮件发送出去。对使用 Web 方式的网页邮件应用，同样可基于网页的内容识别进行管理。

4）用户行为管控

对用户的互联网操作行为进行管控，避免用户发送的数据中包含非法、敏感的信息，从而带来负面影响。管控对象包括论坛中的发帖、即时通信中传输的消息、FTP 文件传输中的数据等。

5）上网应用管理

对上网的应用进行管控，限制特定应用连接互联网、应用使用时段、应用流量使用等。

3.3.4 防病毒网关

传统的针对恶意代码进行防御的方案是在终端进行防护，通过在计算机终端上部署单机或企业版的防病毒软件对进入终端的恶意代码进行检测和查杀。基于终端的病毒防护方式存在以下安全不足。

1）特征库升级管理问题

目前主流的防病毒技术仍然是基于恶意代码的特征库（也就是俗称的病毒库）进行检测和

查杀，因此要想确保检测的效果，需要不断地更新病毒库，而终端防病毒软件的病毒库是各自独立的，因此需要确保系统中的每一个受保护的设备，无论是笔记本、PC 机还是服务器都升级到最新的病毒库，否则防护能力会被极大地削弱，因为对系统威胁较大的往往是最新的各类病毒。如果某个受保护的设备没有进行更新，就可能成为病毒防护中的一块短板。在网络攻击中，一旦防护的短板被突破，攻击者就可以实施针对内网的攻击，最终导致巨大的破坏。对终端防病毒软件病毒库的更新是令信息系统管理员头疼的工作，即使采用企业版病毒防护软件，通过服务器对每个终端进行病毒库更新的推送，也可能由于终端防病毒软件自身问题或网络问题，甚至由于长时间未开机导致病毒库未能及时更新。

2）终端防病毒存在防护短板

终端防病毒软件是运行在计算机终端上的应用程序，即通常以系统管理员的身份运行（常驻的防护程序以系统服务身份运行），在系统中有较高的权限，但只能在恶意代码已经传播到系统时才进行检测和查杀，而对于利用系统软件漏洞（如缓冲区溢出类型漏洞）进行传播的蠕虫、木马，由于传播可能利用的是系统服务的漏洞，蠕虫、木马同样拥有系统的管理权限，防病毒软件不仅不能清除病毒，还可能被病毒停止防护进程，致使系统缺乏防护。

防病毒网关是一种对恶意代码进行过滤的边界网络安全防护设备，主要目标是对进出网络的数据进行检测，发现其中存在的恶意代码并进行查杀。防病毒网关对组织机构的价值在于在网络连接处设置一个对恶意代码的检测机制，阻止病毒通过网页、邮件、即时通信等互联网应用进入受保护的网络，形成与终端防病毒软件互补的安全防护能力。

防病毒网关设备较好地弥补了终端防病毒软件应用中的短板，首先，只需要更新设备中的一套病毒库即可，管理员的管理压力不大；其次，防病毒网关作为部署在网络出口处的硬件设备，其功能很难被恶意代码停止。在实际应用中，防病毒网关通常采用与终端防护软件生产厂商不同的产品，实现病毒防护的异构。因为如果采用同一安全厂商的产品，若病毒库没有特征码，那么终端防病毒软件和防病毒网关都无法检测到某个病毒，而不同厂商的产品则在一定程度上提高了检测出恶意代码的可能性。

3.3.5　统一威胁管理系统

统一威胁管理系统（UTM）是集防火墙、防病毒、入侵检测、上网行为管理等多种网络安全功能于一体的网络安全设备。统一威胁管理系统将多种安全技术集成在一个硬件设备中，最主要的优势在于整合所带来的低成本，用户只需要采购一个安全设备就能获得多种安全防护能力，解决采购多种网络安全设备所带来的成本压力。其次，由于多种安全功能整合，各功能均使用模块化的管理模式，在易用性和可管理性上也具有优势，使得网络安全管理人员的工作强度有所降低。因为一个设备的部署和管理相对简单，管理界面的一致性减少了网络安全管理人员设置策略、进行日常维护管理的工作量。

当然，统一威胁管理系统也存在不足。首先，高度集成带来了安全风险，由于所有安全功能集成在一个设备中，风险也就相对集中，一旦设备发生问题，会导致所有安全防护能力丢失。

例如，若设备存在安全漏洞而被攻击者控制，那么整个受保护网络就处于无保护的状态，不符合信息安全中"纵深防御"的基本思想。其次，由于计算能力、内存等硬件设备性能有限，要同时支撑多个安全模块运行，必然会出现性能不足的问题。另外，多种功能模块的集成，使得系统的复杂性大幅提高，不同模块之间的协作运行对设计、开发能力都是极大的挑战，设计缺陷或开发缺陷可能会影响设备的稳定性。

统一威胁管理系统的主要应用场景是预算有限但需要较全面防护的中小型组织机构，这些机构由于互联网用户不多，互联网访问的资源需求不高，无须高性能的互联网边界防护产品，因此使用统一威胁管理系统能解决防护能力不足的问题，投资也在可接受的范围内。

3.4　网络安全管理设备

3.4.1　入侵检测系统

1. 入侵检测基本概念

入侵检测系统（IDS）是对入侵行为进行检测和响应的网络安全设备。入侵检测系统通过监听的方式获得网络中传输的数据包，通过对数据包进行分析，判断其中是否含有攻击的行为，如果发现攻击行为或违反安全规则的行为，就根据预置策略进行响应，向安全管理人员报警或通知防火墙进行阻断等。因此入侵检测是一种主动防御技术，是防火墙的重要补充，而防火墙依据设置的规则对网络中的数据包进行过滤，是一种被动防御技术。如果把防火墙比喻成门卫，那么入侵检测就是监控摄像头。门卫只会根据基本规则对进出人员进行判断，例如只要持有工卡的人员就允许进入，而摄像头可对进入的人员进行识别，如果发现非本单位内部人员进入，则发出警报。

2. 入侵检测类型

入侵检测系统通常分为网络入侵检测系统（NIDS）和主机入侵检测系统（HIDS）两种类型。网络入侵检测系统通常是软硬件一体的网络安全设备，使用网络中传输的数据作为数据源，通过在交换机上设置端口镜像，将需要进行防护的区域中的网络数据复制一份到网络入侵检测系统所连接的交换机端口，入侵检测就能收到相关的网络报文。通过对这些报文进行分析，入侵检测系统可识别出其中存在的攻击行为，从而进行响应。网络入侵检测系统是独立的网络安全设备，并且是旁路接在网络中，因此具有平台无关性，不占用主机的性能，能检测网络范围内的攻击行为。其缺点在于：

（1）无法对加密的数据进行分析检测。

（2）高速交换网络中处理负荷较重，存在性能不足。

（3）仅能检测到攻击行为，无法对攻击行为的后果进行判断（是否攻击成功等）。

主机入侵检测系统通常是软件，安装在受保护的主机操作系统上，通过对到达主机网卡的数据包进行分析,结合监测主机的审计记录、系统日志、应用日志以及其他辅助数据,来查找和发现攻击行为的痕迹。由于主机入侵检测是部署在操作系统上的,它不仅能分析网络报文,还能监视所有的系统行为,包括系统日志、账户系统、文件读写等,因此相比网络入侵检测,主机入侵检测不仅可以检测到攻击行为,还能对攻击行为的后果进行判断。另外,主机入侵检测还适用于加密网络环境。其主要不足在于:

(1)由于是软件产品,因此与平台相关,可移植性差,开发、测试的压力都比较大。

(2)系统运行需要消耗主机的计算能力、内存等,因此会影响安装主机的性能。

(3)仅能保护安装了产品的主机。

3. 入侵检测技术实现

入侵检测系统对入侵行为的识别分为基于误用检测和基于异常检测。基于误用检测是在入侵检测系统中构建一个攻击特征数据库,将传输的数据包进行处理后与数据库中的攻击特征进行匹配,如果匹配成功则识别为攻击行为。基于误用检测需要对已知的攻击行为进行分析,提取出攻击特征,因为每种攻击行为都有明确的特征,因此基于误用检测的准确性很高,但因为依赖于分析好的攻击特征库,因此存在攻击检测滞后、需要不断更新攻击特征库的问题。

基于异常检测首先假设网络攻击行为是异常的,区别于所有的正常行为,如果能构建正常活动状态或用户正常行为并建立行为模型,那么入侵检测系统可以将当前捕获到的网络行为与行为模型相对比,如果偏离正常用户行为模型并超过一定的阈值,就可以识别其为攻击行为。例如,一次端口连接的行为是正常的,访问 Web 网站或其他应用都会产生端口连接,但如果是顺序增长的端口连接行为,如尝试连接端口 1、端口 2、端口 3、端口 4、端口 5 等这样的行为是正常用户不会做的,这是在进行端口扫描,是信息搜集的一种方式,属于攻击行为。基于异常检测的主要优势是理论上可以检测到未知的攻击行为,因为不是基于特征库,只要不符合正常用户行为的都可被识别为攻击,未知的攻击方式也因为不符合用户正常行为模型而被识别。但也因为基于行为模型进行检测,会出现较严重的误报,也就是将用户行为识别为攻击。

4. 入侵检测系统部署

部署入侵检测系统前首先需要明确部署目标,即检测攻击的需求是什么,然后根据网络拓扑结构,选择适合的入侵检测类型及部署位置。例如,部署网络入侵检测时,如果需要对全网的数据报文进行分析,就需要在核心交换机上设置镜像端口,将其他端口的数据镜像到入侵检测系统连接的交换机端口,从而使网络入侵检测系统能对全网的数据流量进行分析,如图 3-9 所示。

如果只需要分析针对服务器区的攻击,则可以将网络入侵检测系统部署在服务器区的交换机上。

基于主机的入侵检测系统一般更多的是用于保护关键主机或服务器,只需要将检测系统部署到这些关键主机或服务器中即可。

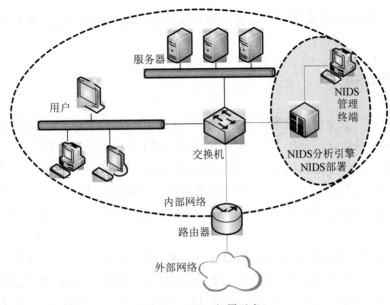

图 3-9　NIDS 部署示意

5. 入侵检测系统的局限性

入侵检测系统作为传统的网络安全设备，经历了数十年的发展，得到了广泛的应用，在应用过程中，入侵检测系统也存在一些问题，包括：

（1）入侵检测系统虽然能检测到攻击，但由于攻击方式、类型众多，对用户有较高的要求，需要用户具备一定的网络安全知识，系统的配置、管理也较为复杂。

（2）由于网络传输能力快速提高，对入侵检测系统的性能要求也越来越高，这使得入侵检测系统难以满足实际业务需要。

（3）尽管采取了各类不同的检测技术，但入侵检测系统高虚警率问题仍然难以解决。网络高发的各类探测、攻击行为都会使得入侵检测系统产生报警信息，这些报警信息和记录的数据量通常是非常庞大的，而其中真正有价值的记录并不多，因为很多攻击行为并不会影响到信息系统安全，例如，攻击对象在网络中并不存在，或者利用的漏洞已经被修复。这些无效的报警信息会将真正有价值的信息淹没，给用户带来了较大的困扰。

3.4.2　网络安全审计系统

网络安全审计系统是一种对网络数据报文进行采集、识别、记录和分析的网络安全设备。通过实时地获取网络中的数据报文，根据网络安全审计设备中的安全控制策略，记录对受控设备的访问和操作等活动以备审查。网络安全审计系统是防火墙、入侵检测系统的良好补充，与入侵检测系统关注网络数据报文中的攻击行为不同，网络安全审计系统关注的是对活动的行为进行记录，为审计提供支持。网络安全审计系统作为完整信息安全防御体系中不可或缺的一个环节，能根据策略对用户的行为进行记录，从而确保在发生问题后有据可查。

网络安全审计设备通常作为一个独立的软硬件一体设备，与其他网络安全产品（如防火墙、入侵检测系统、漏洞扫描系统等）功能上相互独立，同时也相互补充，共同保护网络的整体安全。

3.4.3　漏洞扫描系统

漏洞是信息系统安全保障的关键因素，对信息系统进行安全评估，发现信息系统中的安全漏洞是保障信息系统安全的基础工作，而实现这项基础工作最快捷、简单的方法就是对需要检测的对象进行漏洞扫描。漏洞扫描是一种主动防御技术，网络安全管理员定期进行漏洞扫描，能及时发现信息系统中运行的服务存在的安全漏洞和配置缺陷，从而采取有针对性的措施，通过停用不需要的服务、修复漏洞、修正配置措施等提高系统的安全性，降低服务被攻击者攻击的安全风险。

漏洞扫描系统是对各类网络设备、操作系统、数据库、支撑软件、应用软件进行安全性检查的一类安全产品。对于网络安全管理人员来说，可以利用漏洞扫描系统发现系统中存在的安全漏洞、配置缺陷，而对于攻击者而言，漏洞扫描系统也是寻找信息系统入侵途径的有效方法，因此漏洞扫描系统是一把双刃剑。

漏洞扫描系统和防火墙、入侵检测系统互相配合，能够有效提高网络的安全性。漏洞扫描是信息安全中的常规工作，也是常用的安全性评估手段。

3.4.4　虚拟专用网络

虚拟专用网络（VPN）是在公用网络上建立虚拟的专用网络的技术。利用 VPN 技术，组织机构可以将存储在内部的数据资源（如财务数据、销售数据）分布在不同区域，通过互联网进行连接的工作人员可进行安全的访问。相比建立或租用专线，VPN 技术在提供安全访问的同时，极大地降低了成本。组织机构可以利用 VPN 远程连接分支机构、商业伙伴、移动办公人员，让这些人员可以利用互联网访问组织机构中的重要资源，从而实现协同。VPN 技术的主要优势是：

（1）成本较低。VPN 是利用隧道技术在公用网络中安全地传输数据，用户实际上并没有使用独立、专用的网络，只是配备了具备 VPN 功能的设备，因此成本比建设或租用专用线路低得多。

（2）具有较高的安全性。VPN 的安全性建立在密码技术的基础上，结合身份认证、访问控制技术，使得通过公共平台传输的数据满足保密性、完整性、抗抵赖等需求，不会被攻击者窃取或篡改、伪造。

（3）服务保证。VPN 技术具有简单、灵活、方便的特性，相关产品通常同时提供身份认证、访问控制、安全管理、流量管理等多种服务，方便用户进行使用和维护。

VPN 适用于有通过互联网远程访问内部资源需求的组织机构，通过 VPN 接入，能在确保安全的同时为远程用户提供私有资源的访问。

3.4.5　堡垒主机

堡垒主机是运维管理中广泛使用的安全设备,用于解决远程维护的操作安全问题。堡垒主机是经过特殊研发并进行安全增强的计算机系统,部署在远程维护的设备所在的网络区域,所有对设备的远程维护都需要先连接到堡垒主机上,然后通过堡垒主机进行远程维护操作。作为远程维护的检查点,堡垒主机解决了远程维护管理中的痛点和难点,把安全问题集中在一个点进行管理。

所有需要远程维护的设备(如服务器),可设置主机防火墙只允许堡垒主机进行远程维护,从而避免了利用远程维护服务进行攻击的可能。堡垒主机上集成了身份认证、访问控制、操作审计的功能,远程维护人员通过堡垒主机认证身份后,根据规则仅能远程维护设定的设备,并且远程维护过程中的所有操作都被堡垒主机记录下来以供审计。

需要面向互联网提供远程维护管理的堡垒主机通常是攻击者的重点目标,一旦堡垒主机被突破,整个内部网络就完全暴露在攻击者面前,因此堡垒主机自身的安全性对整个网络的安全至关重要。堡垒主机的配置与其他主机完全不同,所有不是必需的服务都被删除或禁用,不需要开放的端口防火墙全部被阻止,相应的各项功能都为定制开发,从最大程度上避免因被攻击导致的安全风险。

3.4.6　安全管理平台

1. 安全管理平台的概念

安全管理平台(SOC)也被称为安全运营中心,为组织机构提供集中、统一、可视化的安全信息管理。SOC 通过实时采集各种安全信息和安全动态,进行安全信息关联分析与风险评估,实现安全事件的快速跟踪、定位和应急响应,从监控、审计、风险和运维四个维度建立起一套可度量的统一安全管理支撑平台。网络安全是一个动态的过程,即使是安全防护体系建设完善,经过安全测评证明具备较好防护能力的信息系统,随着业务的不断变化、系统的升级或新的漏洞被发现,攻击者的攻击方法和攻击工具不断更新,系统的安全性也会不断降低。信息化的不断发展使得网络日趋复杂,网络设备、安全产品、操作系统、应用软件每时每刻都在产生大量的数据,这些数据的管理和分析对网络安全管理员而言是非常繁重的工作。网络安全管理员需要逐个登录不同的设备,查看相应的日志并进行分析,费时费力还难以取得好的效果。

安全管理平台可对各类网络设备、安全设备、系统软件、应用软件产生的数据进行收集汇总、统一格式、过滤、存储和分析,通过对采集的数据进行关联分析、特征匹配等,使用户全面地掌握网络的安全状况,并对安全状态进行实时监控和管理,对各类资产(如服务器、终端、安全设备等)的脆弱性进行评估,从而实现快速发现问题、快速响应。

2. 安全管理平台的功能

通常情况下,较为完善的安全管理平台应包含以下功能。

1）统一日志管理（集中监控）

安全管理平台可对各类安全设备的日志进行统一的监控和管理，将安全日志统一存储、分析，并将分析结果统一进行通知。网络安全管理人员可以在一个统一的界面中查看网络中每个安全设备的运行状态，实现对不同网络安全产品日志的管理。

2）统一配置管理（集中管理）

安全管理平台可对各类安全设备的配置进行集中管理，提高安全设备管理的效率，甚至实现网络安全设备配置的流程管理，包括变更审核、配置记录等。

3）各安全产品和系统的统一协调与处理（协同处理）

安全管理平台将不同安全设备纳入管理中，通过对不同的安全设备甚至主机操作系统、应用软件等策略进行统一管理，更容易实现我国信息安全保障要求中"纵深防御"的相关要求。

4）安全状态的统一管控（统一安服）

安全管理平台为网络中的安全设备、操作系统、软件等相关组件的补丁状况建立统一数据库，方便网络安全管理人员查询、统计和分析，当新的补丁发布时，安全管理人员可方便地进行系统的补丁升级工作。

5）其他功能

安全管理平台还会提供自动风险分析、安全业务流程管理、其他系统对接融合等多种类型的功能。例如，与 OA 系统对接，为决策者提供数据支撑等。

3. 安全管理平台的价值

信息安全作为一个体系的工作，需要把相关的网络和安全设备、操作系统、应用软件等进行统一管理，才能有效地实现安全保障。安全管理平台具有良好的技术基础架构，能为信息系统的安全运维和安全管理提供强有力的支撑。在 2019 年发布的我国等级保护标准中，已经将安全管理平台建设写入安全管理通用要求中，未来会有越来越多的组织机构将安全管理平台纳入信息化规划中。

第 4 章

计算机终端安全

阅读提示

本章主要介绍了目前广泛使用的 Windows 操作系统的安全使用及管理、数据安全保护和移动智能终端的安全使用等相关知识。通过学习，读者应掌握计算机终端操作系统、移动智能操作系统安全配置和使用的基本概念，并了解数据保护的基本要求。

4.1　Windows 终端安全

Windows 操作系统是美国微软公司研发的计算机操作系统产品，据 2020 年统计数据显示，Windows 在全球计算机终端操作系统市场的占有率为 80.5%，是世界上用户数量最多的终端操作系统。Windows 的第一个版本于 1985 年问世，从最初的 Windows 1.0 发展到 Windows 10。其中一些较为成功的版本，如 Windows XP、Windows 7 目前仍然有较大的装机量。本章以 Windows 10 版本为例，介绍系统的安全安装、安全配置相关知识，其中部分安全配置在较早的版本中仍然适用。

4.1.1　安全安装

安全安装是保障 Windows 终端安全的基础，虽然很多计算机在出厂时区内置操作系统，不需要进行安装，但对于特定的计算机系统或者由于故障等原因需要重新安装系统时，可以考虑从安装做起，打造一个安全的 Windows 终端系统。

目前，微软官方提供了 Windows 10 家庭版和专业版，在软件功能上根据不同的应用有所区别，因此应根据计算机终端的应用场景，选择合适的系统版本进行安装。

系统安装完成后，应首先进行系统的安全更新，确保系统不存在已知的安全漏洞。安全更新可通过互联网直接连接到微软服务器进行。

4.1.2　保护账户安全

Windows 系统安装完成后，除了安装过程中用户自建的账户，会默认生成两个内置的账户，分别是管理员账户 Administrator 和来宾账户 Guest。其中 Administrator 拥有系统的管理员权限，是目前攻击者对系统进行攻击的首要目标。每一个对 Windows 系统进行攻击的攻击者都非常清楚 Administrator 的存在，因此对内置 Administrator 设置安全的口令并进行更名是防御口令暴力破解攻击的有效手段。更名后，由于攻击者不知道更改后的名称，那么针对 Administrator 进行口令暴力破解就永远不会成功。内置来宾账户 Guest 虽然不像 Administrator 那样具有较高的权限，但作为 Windows 的内置账户，本身也是一个风险，因此如果确认不需要此账户，应设置安全的口令、对 Guest 进行更名并禁用账号。内置账户的更名、更改密码及禁用等操作可以在组策略编辑器或控制面板的"计算机管理"界面中进行设置，如图 4-1 所示。

设置系统的账户策略也是应对口令暴力破解，保护账户安全的有效方式（见图 4-2）。密码策略是避免系统中出现弱密码，而账户锁定策略则通过设置对登录错误达到一定次数的账户进行锁定来抑制口令暴力破解攻击。

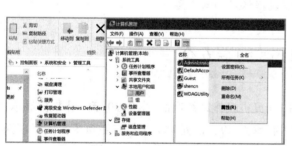

图 4-1　Windows 内置账户管理

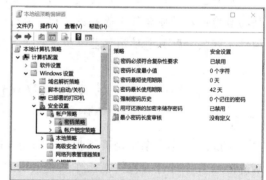

图 4-2　账户策略设置

除了使用用户名/口令进行身份验证，Windows 系统也支持 PIN 码、生理特征（如指纹、面部识别等）验证等，这些验证方式能帮助用户快速地登录系统，但也存在一定的安全隐患，包括为了易用性而产生的错误接受率、信息仿冒等问题，因此在实际使用过程中，需要根据业务和自身需要选择账户的验证方式。

4.1.3　本地安全策略设置

Windows 系统的安全设置中，账户策略用于保护账户的安全，避免弱口令，以应对口令暴力破解，而本地策略也提供了审核策略、用户权限分配和安全选项对系统安全进行管控。

1. 审核策略

审核策略的作用是通过策略设置，实现对用户操作进行审核，从而形成安全日志。审核策略包括：

- ➢ 审核策略更改。
- ➢ 审核登录事件。
- ➢ 审核对象访问。
- ➢ 审核进程跟踪。
- ➢ 审核目录服务访问。
- ➢ 审核特权使用。
- ➢ 审核系统事件。
- ➢ 审核账户登录事件。
- ➢ 审核账户管理。

默认情况下，审核策略并不全部开启，需要根据相关安全设置指导文档进行设置，如图 4-3 所示。对审核策略的更改，无论成功还是失败都会被记入安全日志中。

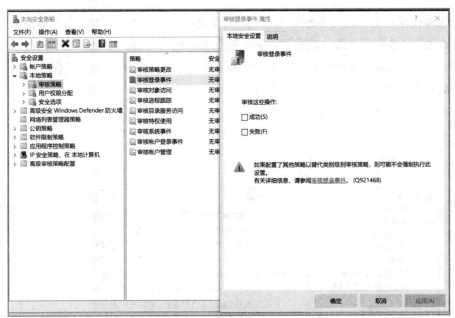

图 4-3　审核策略设置

2. 用户权限分配

用户权限分配对一些敏感或者风险操作的用户权限进行了限制，如图 4-4 所示。例如，对于没有远程登录需求的计算机终端，可以在用户权限分配中取消所有用户的远程登录权限。更高安全要求的情况下，对于特定风险账户（高权限账户，如 Administrator 等），可以在拒绝远程登录选项中进行设置，明确拒绝该账户远程登录，提高系统安全性。

图 4-4　用户权限分配设置

3. 安全选项

安全选项设置是指通过对系统安全机制、安全功能进行设置、调整，有效地提高系统的整体安全性，如图 4-5 所示。默认情况下，为了确保系统的易用性，安全选项中的很多设置并不是基于安全考虑，因此在实际使用中，需要根据业务需要进行相应设置，确保在不影响业务的前提下提高安全能力。例如，可以在安全选项中对系统内置账户 Administrator 和 Guest 进行更名，这是安全选项中的一个策略。

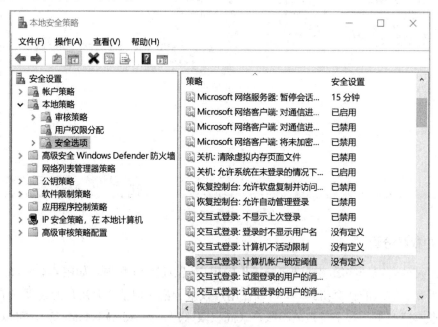

图 4-5　安全选项设置

4.1.4　安全中心

1. 病毒和威胁防护

Windows 安全中心的病毒和威胁防护由 Windows Defender 提供，这是一个内置在 Windows 系统中的病毒防护软件，提供对系统进行实时监控、计算机病毒的检测和查杀、文件夹的访问限制等多种功能。从 2020 年 5 月起，Windows Defender 更名为 Microsoft Defender，也提供对 Mac、Linux 等其他平台的支持。Microsoft Defender 将机器学习、大数据分析、深度威胁防御及微软云基础结构结合在一起，为组织机构中的计算机安全防护提供支撑。

Microsoft Defender 内置在 Windows 系统中，不可从系统中卸载或删除。默认情况下，除了勒索软件防护功能为不启用，其他功能都为启用。实时保护功能虽然为用户提供了停用的开关，但是一段时间后，被关闭的实时保护功能会被系统自动开启，如图 4-6 所示。

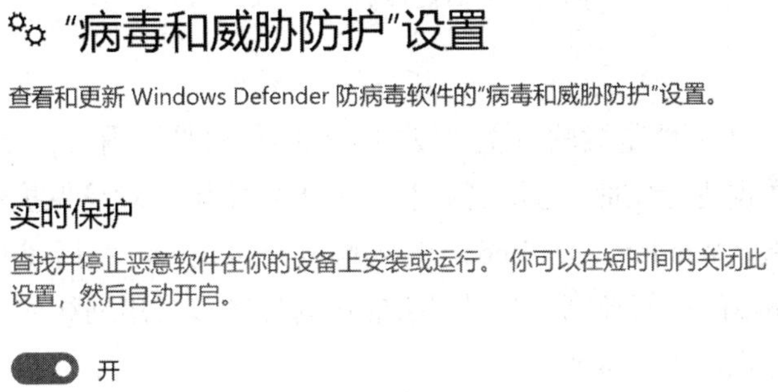

⚙ "病毒和威胁防护"设置

查看和更新 Windows Defender 防病毒软件的"病毒和威胁防护"设置。

实时保护

查找并停止恶意软件在你的设备上安装或运行。 你可以在短时间内关闭此设置，然后自动开启。

　　🔘 开

图 4-6　病毒实时保护设置

病毒的特征定义码，也就是俗称的病毒库，是病毒防护中非常重要的因素，只有不断地对病毒防护软件进行更新，才能确保对恶意代码的查杀能力。Microsoft Defender 的病毒特征定义码更新与系统补丁更新以同样方式进行，恶意代码的特征库（保护定义）作为系统安全补丁进行更新，因此只要系统能连接到互联网上，就能随时将保护定义更新到最新的版本。

勒索软件防护是 Windows 病毒和威胁防护体系提供的针对勒索软件威胁的防护功能，默认为非启用状态。启用勒索软件防护后，系统对部分敏感的文件目录（如系统桌面、OneDrive 文档目录等）的写入进行限制，如果系统感染了勒索病毒，那么当勒索病毒对这些目录中的文件进行加密后重新写入时，系统就会阻止这个操作，从而有效地遏制勒索软件。开启该功能后，一些正常的写入操作也会被阻止，如果需要对这些目录进行写入操作，可利用"通过'文件夹限制访问'允许某个应用"功能，将特定的应用设定为允许写入操作，如图 4-7 所示。

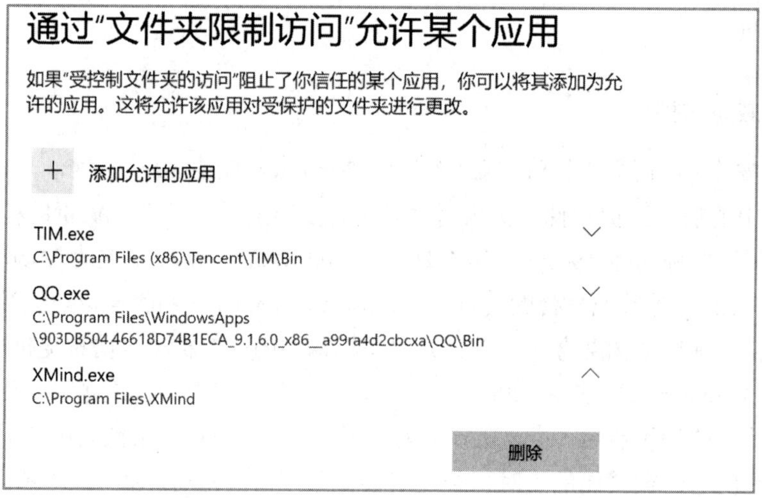

通过"文件夹限制访问"允许某个应用
如果"受控制文件夹的访问"阻止了你信任的某个应用，你可以将其添加为允许的应用。这将允许该应用对受保护的文件夹进行更改。
添加允许的应用
TIM.exe
C:\Program Files (x86)\Tencent\TIM\Bin
QQ.exe
C:\Program Files\WindowsApps
\903DB504.46618D74B1ECA_9.1.6.0_x86__a99ra4d2cbcxa\QQ\Bin
XMind.exe
C:\Program Files\XMind
删除

图 4-7　文件夹限制访问设置

2. 防火墙设置

Windows Defender 防火墙是微软自主研发的系统防护软件，内置在 Windows 系统中，对系统中的传入和传出数据进行实时监测，并根据相应的策略阻止对受保护资源的访问，以保护系统安全。默认状态下，Windows Defender 防火墙为开启状态，包括域网络、专用网络和公用网络，分别针对域环境的访问控制、专用网络的访问控制和公用网络的访问控制。正在使用的防火墙会有相应的标识，如图 4-8 所示。

Windows 安全中心
防火墙和网络保护
哪些人和哪些内容可以访问你的网络。
域网络
防火墙已打开。
专用网络
防火墙已打开。
公用网络（使用中）
防火墙已打开。

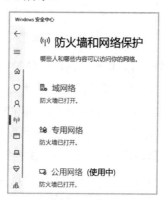

图 4-8　Windows Defender 防火墙保护状态

Windows Defender 防火墙可阻挡或者允许特定程序或端口进行连接，对出入站和连接基于规则进行防护。默认存在预先设置的规则，用户通常情况下不用过多干预，当然，若预设规则不适用，也可以创建自定义规则。自定义规则的创建在“高级设置”中，可分别设置出站规则、入站规则和连接安全规则。入站规则是设置允许哪些程序接受外部连接进入的数据，出站规则设置允许哪些程序向外发起连接，而连接安全规则是对连接的安全性进行设置，例如设置使用隧道进行连接等。

如果对防火墙有较好的了解，可通过设置自定义规则对出入站进行访问控制。例如，某软件确认为本地使用，但软件自身有远程数据传输功能，为了避免数据泄露，可设置出站规则，将该软件出站设置为"阻止"，就能阻止该软件的一切外部访问行为，如图 4-9 所示。

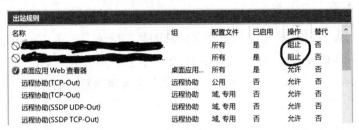

图 4-9　出站规则设置

3. 应用和浏览器控制

应用和浏览器控制是 Windows 内置的浏览保护和应用保护的机制，通过过滤机制、沙箱技术等实现对应用和 Web 访问的防护。默认情况下，用户无须进行设置，这些功能已经设定为适合大多数用户的需求。

4.1.5　系统服务安全

Windows 系统的服务为操作系统提供许多重要功能，服务的启动策略有所不同，分别是自动（系统开机自动启动）、手动（按需由管理员启动）和禁用（禁止启动），如图 4-10 所示。根据不同的操作系统版本，这些服务提供了默认的启动策略，目的是为用户提供性能、功能与安全性之间的平衡。

在绝大部分工作环境中，用户无须对服务的运行状况进行关注并管理，但对于较为注重信息安全的用户来说，默认的服务启动策略可能并非按安全性最高要求设置的，需要考虑更注重安全的配置，以将攻击面降低到最小，因此，有必要禁用在其工作中不需要的服务。如果不了解禁用哪些服务可以提高系统安全性，可参考微软网站上的相关介绍。

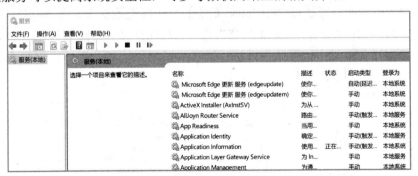

图 4-10　Windows 系统服务

4.1.6　其他安全设置

1. 关闭管理共享

默认情况下，Windows 会自动创建特殊隐藏的共享资源，这些共享资源为管理员、程序和服务管理计算机环境或网络提供帮助，被称为"管理共享"。管理共享包括：

（1）DriveLetter$：共享的根分区或卷，共享名称为驱动器号名称附加"$"符号。例如，当 Windows 系统上有 C、D 两个分区时，管理共享为 C$ 和 D$。

（2）ADMIN$：Windows 系统的安装目录被共享为该名称，在远程管理计算机时使用。

（3）IPC$：该共享资源是进程间通信的命名管道，用于传递通信信息，无法删除。

（4）其他共享资源：除了上述所列的共享资源，Windows 系统根据应用还提供了 NETLOGON、SYSVOL、PRINT$ 和 FAX$。

默认情况下这些共享资源都是开启的，会对系统安全带来不利的影响，因此如果对共享资源没有使用的需求，可以通过编辑注册表来阻止系统自动创建。Windows10 阻止创建共享资源的注册表子项为：

HKEY_LOCAL_MACHINE\SYSTEM\CurrentControlSet\Services\LanmanServer\Parameters\AutoShareWKS

注册表子项 AutoShareWKS 必须设置为 REG_DWORD，值为 0。设置完成后，重启系统，Windows 就不会创建管理共享。

2. 关闭自动播放功能

自动播放功能是 Windows 系统为了方便用户而设置的，默认为启动状态，当系统检测到移动设备接入时，会弹出操作提示或自动播放其中音、视频程序，运行安装软件等。这项为方便用户而提供的功能为系统带来了较大的安全风险，U 盘病毒的传播就是依托于该功能，因此出于安全性的考虑，应禁止使用设备的自动播放功能，杜绝这一安全风险。

关闭自动播放功能需要通过 Windows 系统的组策略设置实现。在"运行"对话框执行 gpedit.msc 命令，打开"本地组策略编辑器"窗口，依次选择"管理模板"→"Windows 组件"→"自动播放策略"，如图 4-11 所示，设置"关闭自动播放"为启用状态。

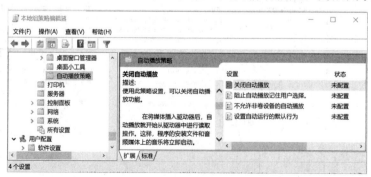

图 4-11　自动播放策略设置

4.1.7 获取安全软件

日常使用中，需要安装各种不同类型的软件以实现不同的功能，这些软件毫无疑问成为攻击者入侵系统的渠道。长期以来，攻击者针对用户需要安装软件设计出了多种有针对性的攻击方式。例如，伪造应用软件、模仿知名软件、在官方软件上添加恶意代码后发布到其他软件下载网站等，这些软件被下载后安装在用户的系统中，会给用户的系统安全带来风险。与 Windows 开放的环境相对应，Mac OS 系统采取了另外的软件管理模式，即用户只能从苹果应用商店中下载软件，不允许从第三方网站下载及安装软件，这种方式在一定程度上给系统带来了较好的安全性，因为只有经过苹果官方检测和认可的软件才能在 App Store 中上架，供用户下载。

Windows 软件安全防护也可以采取类似 Mac OS 的策略，用户尽量只从微软官方的应用商店进行软件下载和安装，这些软件都经过微软官方检测，具有较高的安全性，并且对系统的兼容性也较好。应用商店没有的软件，也尽量在软件开发商的官网或相对可靠的第三方网站下载。

4.2 Windows 终端数据安全

4.2.1 系统备份与还原

在使用的过程中，系统可能会因为恶意代码、系统升级等发生故障，无法登录或运行不稳定等，如果系统设置了备份，通过使用系统自带的还原功能将系统还原到某个不存在缺陷的状态，就能很好地解决这类问题。Windows 系统提供的系统还原功能主要通过设立还原点，然后将系统恢复到还原点状态来解决问题。

为了确保系统能可靠地还原，应确保系统设置的备份是可靠的，即需要在确保系统稳定可靠的情况下对系统进行备份，例如在系统刚安装配置好时备份，这时的系统稳定可靠，生成的备份通常不会存在安全问题，当系统发生故障时，可以选择这个备份进行还原，使系统恢复到这个时间点的状态。当然，如果硬盘空间较充足，可以设置定期产生一个备份（还原点），当系统发生故障时，选择其中的一个备份来还原，使系统恢复到备份时的状态。

在 Windows 系统中创建还原点的方式为：右击"此电脑"，在弹出的菜单中选择"属性"命令，打开"设置"窗口，在右侧选择"系统保护"，弹出"系统属性"对话框，将"保护设置"设置为"启用"状态，即可创建系统还原点，如图 4-12 所示。

当系统发生故障或由于其他原因需要进行还原时，可在"系统属性"对话框中单击"系统还原"按钮，选中还原点，进行系统还原，如图 4-13 所示。

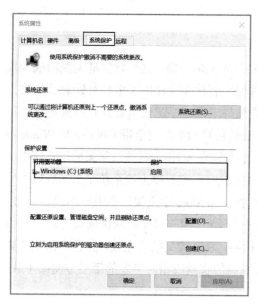 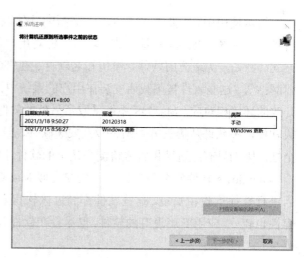

图 4-12　Windows 系统保护设置　　　　　　　图 4-13　Windows 系统还原

4.2.2　数据备份

在终端使用过程中，常常会因为一些无法预计的因素（如硬盘损坏、操作失误等）导致数据丢失，虽然出现的概率较低，但如果没有预先采取应对措施，就可能导致极大的损失。系统备份可以用于在发生故障后进行系统还原，但还原的是 Windows 系统的状态，而不是数据，如果把数据也还原到之前某个时间点的状态，那么其实就是数据丢失了。为了确保数据的安全性，在系统日常使用过程中需定期进行数据备份，以防止由于操作失误或硬件损坏等导致的数据丢失风险。

数据备份不仅仅是信息技术人员需要考虑的问题，也是每一个计算机系统用户所需要考虑的问题。特别是对于计算机终端上存储的数据，需要用户有良好的安全意识，定期进行备份，这样在发生问题后可以立即进行恢复，从而最大程度上减少不良影响。

终端用户备份数据的最简单方式就是使用移动硬盘将数据复制一份并保存，这种方式简单并且容易实施，但由于终端上的数据频繁变动，用户需要定期进行备份更新，这给用户带来较大的困扰，因为在数据量比较大时，进行一次备份所需要的时间较长，用户会由于过于麻烦而不愿意进行备份。目前有效的解决措施是使用专用备份软件，软件会自动比对移动硬盘上已经备份的数据与计算机终端上的数据，将变动部分备份到移动硬盘上。

另外一种有效的数据备份方式是通过云盘或存储系统进行远程备份，通常情况下可设置特定的备份数据目录，该目录下的数据变动会自动在云端同步进行更新。对于数据较敏感的组织机构，建议在自有的存储系统或私有云上进行备份，尽量不在公有云上进行备份，以避免数据泄露。

4.2.3 数据粉碎

计算机中存储数据的介质主要是硬盘，对于已经不需要的数据，通常情况下采取的操作是删除。在 Windows 系统中，删除文件通常有两种方式：使用 CMD 命令控制台中的 delete 命令删除文件和使用图形交互界面删除文件并清空回收站。执行操作后，对 Windows 系统而言，已经将文件删除了，但实际上，文件数据仍然存放在硬盘中，这是因为 Windows 系统为提高文件操作的效率，只是从文件系统中将此文件标记为删除，告诉系统这个文件所占用的硬盘空间已经被释放，可以使用，文件实际上还存储在硬盘中，没有任何改变，只有当系统需要向硬盘中写入数据时才有可能将此数据区覆盖，在此之前，这些数据是随时可以恢复的。实际上，以现有的技术，即使是对存储数据的区块进行覆写，仍然可以从中恢复数据。因此，对于存储敏感数据、重要数据的计算机系统，文件不能仅仅在系统上删除，因为对攻击者而言，这样的删除意义不大，攻击者可以很容易地恢复文件。目前对于重要数据的安全删除（也称为文件粉碎），是通过反复地在存储文件的硬盘区块写入垃圾数据，使得原来的数据被彻底破坏，无法恢复，从而实现对数据的保护。这种反复覆写的实现方式依赖于专用的软件，向数据区块多次写入新的数据以覆盖垃圾数据，当覆盖写入垃圾数据达到一定的次数后，要想恢复原来的数据就非常困难了。

理论上，对数据进行 7 次覆写就基本无法进行恢复，因此我国要求使用专用的数据粉碎软件对涉及国家秘密的计算机中的数据进行删除，该删除操作会对需要删除的文件所在的硬盘数据区块进行反复的覆写。使用数据覆盖方式处理后的硬件可以循环使用，适用于密级不高的环境，例如同为某涉及国家秘密的网络中的两个部门，A 部门中的计算机经过安全删除处理后，可给 B 部门作为工作用机。数据覆写的技术实现方式类似于碎纸机，是目前数据保密的主要方式。

一些机密性要求较高的计算机系统，使用软件进行删除并不能真正保护系统安全，此时需要考虑硬销毁。硬销毁是采用物理销毁或化学腐蚀的方式将记录涉密信息的物理载体完成破坏，从而从根本上删除数据。物理销毁的方式包括消磁、焚化炉烧毁、机器研磨粉碎等。化学腐蚀方式则是使用高腐蚀性的化学制剂对硬盘进行腐蚀、溶解，使硬盘无法以任何方式读取。

4.2.4 数据加密

数据加密是保护数据安全的主要措施。通过对数据进行加密，可以避免存储在计算机终端上的数据被攻击者窃取。Windows 内置了对数据进行加密的软件，可以帮助用户实现对数据的加密。

1. EFS

EFS（加密文件系统）是 Windows 提供的一个对 NTFS 卷上的文件、文件夹进行加密的软件，内置在 Windows 系统中，用户可以很方便地使用 EFS 功能对数据进行加密，极大地提高了数据的安全性。

EFS 的加密和解密过程对用户是透明的，用户可以直接在 Windows 系统的文件、文件夹的"高级属性"中找到这个功能，如图 4-14 所示。只需选中"加密内容以便保护数据"复选框，该文件或文件夹即被加密。只有该用户可以对文件或文件夹进行访问，因为只有该用户才有解密需要的密钥。

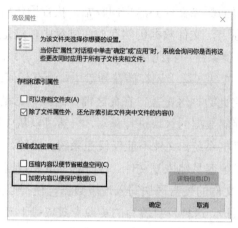

图 4-14   EFS 加密设置

EFS 的加密基于公钥体系，如果计算机终端加入 Windows 的域，那么密钥由域控制器生成，如果没有 Windows 域，那么密钥就由本地的 Windows 系统生成。根据密码学中著名的柯克霍夫准则，目前广泛使用的密码体系的安全性依赖于密钥的安全，因此，使用 EFS 对数据进行加密保护，虽然对用户透明，但用户需要明白，解密是依赖密钥的，为了防止系统崩溃或重装系统导致密钥丢失，在使用 EFS 时应将密钥备份出来并保存在安全的地方。

对于密钥的备份，在首次使用 EFS 时系统会自动进入证书导出的操作界面，引导用户备份密钥。除此之外，用户也可以随时在证书管理器界面中对 EFS 的密钥进行备份。具体操作方式为：执行 certmgr.msc 命令打开证书管理器，在"个人"→"证书"下找到以当前用户名命名的证书并右击，选择"所有任务"→"导出"命令，如图 4-15 所示，按照引导进行操作就能将证书导出。该证书包含密钥等信息，可以用于在丢失密钥后导入并读取之前 EFS 加密的数据。

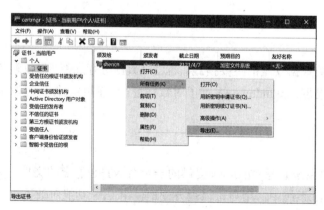

图 4-15   EFS 加密用户证书的导出

使用 EFS 可以对文件和文件夹进行加密，但由于密钥是存储在系统中的，因此若计算机终端被盗等，便无法有效地保证数据的安全。

2. BitLocker

BitLocker 是从 Windows Vista 开始在系统中内置的数据加密保护机制，主要用来解决由于计算机设备丢失、被盗或者维修等物理接触方式导致的数据失窃或恶意泄露问题。BitLocker 可以对 Windows 系统中的驱动器进行加密，并且支持可信计算。当计算机系统安装了可信平台模块（TPM）[①] 时，BitLocker 可以与 TPM 协作，保护用户数据并且避免计算机在系统离线时被篡改。

如果计算机系统上没有 TPM，BitLocker 仍然可以用于加密 Windows 操作系统驱动器，只是此时密钥存储在 USB 中，用户在启动计算机或从休眠状态中恢复时需要插入 USB key。

4.3　移动智能终端安全

4.3.1　移动智能终端的重要性

移动智能终端又称移动通信终端，是指可以在移动中使用的多功能计算机设备，可以接入互联网、搭载操作系统、根据需求配置应用软件等。集成电路技术的飞速发展使得移动智能终端拥有强大的处理能力，大多数移动智能终端已具有 CPU、内存、存储介质和操作系统，是一个完整的超小型计算机系统。典型代表是智能手机和平板电脑，除传统的通话和短信功能外，它们还可以用来完成较为复杂的处理任务，如拍照、听音乐、玩游戏、上网、召开视频会议、存储文档和处理业务等，广泛用于个人娱乐、移动办公、电子支付和通信等领域。移动智能终端正在发展成为个人综合信息处理平台。《中国互联网发展报告 2020》显示，截至 2019 年年底，我国移动互联网用户规模达 13.19 亿，4G 基站总规模达到 544 万个，电子商务交易规模为 34.81 万亿元，网络支付交易额达 249.88 万亿元，全国数字经济增加值规模达 35.8 万亿元。从数据显示，移动智能终端已经渗透到我们生活的每一个细节，成为我们日常生活中衣、食、住、行、办公和娱乐不可取代的组成部分。今天的移动智能终端不仅可以通话、拍照、听音乐、玩游戏，而且可以实现定位、信息处理、指纹扫描、身份证扫描、条码扫描、RFID 扫描、IC 卡扫描以及酒精含量检测等丰富的功能，成为移动执法、移动办公和移动商务的重要工具。这些功能强大的移动智能终端在带给我们便利的同时，其安全问题也日趋凸显，影响也越来越大，给国家安全和个人安全带来了新的挑战。

1. 数据存储

移动智能终端作为移动业务的综合承载平台，传递着各类内容资讯，存储着大量数据，包

[①] TPM 是具有加密功能的安全芯片，通常集成在计算机系统的主板上，是可信计算的核心，依托 TPM 可构建跨平台与软硬件系统的可信计算体系结构。

括硬件信息、操作系统数据、应用软件数据和用户数据，这些数据都涉及用户的商业密码或个人隐私，特别是其中的用户数据，一旦泄露，轻则造成财产损失、背负贷款，重则造成信用、声誉受损，还有可能承担法律责任。

依据《信息安全技术　移动智能终端数据存储安全技术要求与测试评价方法》（GB/T 34977—2017），用户个人数据主要有通信信息、使用记录数据、账户信息、金融支付信息、传感采集信息、用户设备信息和文件信息七类。移动智能终端中安装的应用软件的操作记录、存储的用户名和密码、相关的付款信息、收到或发出的文件等都属于需要保护的移动智能终端数据。随着移动互联网的快速发展和移动智能终端的普及，移动智能终端个人信息在人们的社会经济活动中的地位日益凸显。

近几年来，移动智能终端各种应用功能日益增多，但作为业务载体的智能终端却面临各种安全威胁。例如，移动智能终端操作系统开放性提高，使移动智能终端病毒开发更为容易；带宽增加，使更加复杂多样的病毒通过各种数据业务进行传播成为可能；多样的外部接口增加了病毒传播的渠道；移动智能终端使用量提高、数据日益多样和应用的发展，促使移动智能终端存储能力的提高，本来就可以存储大量信息的智能终端越来越多地涉及商业机密和个人隐私等敏感信息。而移动互联网上的病毒、木马，应用程序的漏洞，不法分子的攻击，商户滥用个人信息和用户安全意识薄弱等，导致移动智能终端安全事件大规模滋生，使重要数据和个人隐私信息面临着严峻的安全挑战。

2. 用户身份鉴别依据

鉴别与访问控制是信息安全领域重要的基础知识。标识是实体身份的一种计算机表达，信息系统在执行操作时，首先要求用户标识自己的身份，并提供证明自己身份的依据。不同的系统使用不同的方式表示实体的身份，同一个实体可以有多个不同的身份。鉴别是将标识和实体联系在一起的过程，是信息系统的第一道安全防线，也为其他安全服务提供支撑。

技术的成熟及硬件成本的降低，使得移动智能终端（如手机等）基本实现了全面普及，而在大量应用场景中，移动智能终端已经成为用户身份验证的主要方式或者主要通道。典型的应用场景如常用的扫描支付，用户通过手机的摄像头拍摄二维码并识别出相应的访问地址后打开付款确认界面，而用户通常在这个付款界面中通过密码或指纹识别等方式进行确认，完成一次支付，类似的场景如网站登录验证，在登录的过程中需要输入手机号码和手机短信中收到的登录验证码等。口令、二维码、短信验证码、指纹、虹膜等是实体身份的标识，是证明实体的鉴别依据，而智能手机是将实体身份与互联网身份建立关联的通道。在这些过程中，智能手机是起支付通道和鉴别作用的设备，是整个应用场景中信息安全的关键因素。

4.3.2　移动智能终端的安全威胁及应对

移动通信业务的发展和普及，使移动智能终端成为集通话、信息获取、电子支付和移动办公等功能为一体的手持终端工具。移动智能终端作为移动业务的综合承载平台，传递着各类资讯，存储着大量用户个人信息和重要数据。因此，移动智能终端设备在使用过程中面临的网络攻击、木马、病毒、恶意代码、使用习惯等各种安全问题,将威胁到个人隐私、公司业务、组织信誉,甚至国家安全等诸多方面。

与个人计算机相比,移动智能终端具有较小的尺寸和可移动性,所处环境复杂而不确定,同时,存储在其上的信息大多是个人隐私信息,如短消息、通讯录等。移动智能终端功能强大的操作系统和大量的第三方软件,也使其成为病毒、蠕虫和特洛伊木马等的攻击目标,攻击者可能从中盗取用户个人信息和商业数据。受经济利益驱动,移动应用产业链的部分环节出现不法现象,如垃圾短信、恶意扣费、电信诈骗等问题,给用户带来困扰和经济损失。当前移动智能终端缺乏安全性保护机制,其软件、硬件和系统容易受到攻击和篡改,操作系统和第三方软件存在的安全漏洞具有较大的安全风险。目前,移动智能终端面临的安全威胁主要有伪基站攻击、设备丢失和被盗、系统漏洞、恶意 App 等。

1. 伪基站攻击

移动互联网经历了从 2G(以数字语音传输技术为核心)到 5G(低时延、低功率、高可靠的通信技术)的发展过程。尽管技术在不断完善,但由于应用的需要和体系的不足,仍然存在一些安全威胁。

智能手机在给人们生活带来便利的同时,也为不法分子利用手机开展违法犯罪活动创造了条件。近年来,一种名为"伪基站"的发送垃圾短信和诈骗短信的攻击方式日渐泛滥,每年通过该方式发送的各类不法短信近千亿条,严重干扰了民众的日常生活。

为理解伪基站的工作原理,首先需要了解基站的概念以及普通短信的发送原理。基站是公用移动通信基站的简称,是无线电台站的一种形式,指在一定的无线电覆盖区域中,通过移动通信交换中心,与移动电话终端进行信息传递的无线电收发信电台。移动通信终端首先访问基站,然后连接到无线通信网。基站的覆盖区域呈六边形分布,所有的六边形相互衔接,呈蜂窝状,因此这种通信方式被称作蜂窝网络通信,如图 4-16 所示。

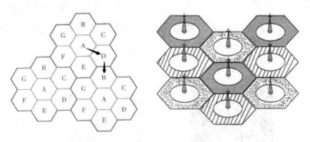

图 4-16 蜂窝网络通信示意图

短信传递的工作原理如下:假设小张给小刘发短信,这条短信先从小张手机传送到基站 A,之后基站 A 会根据要发送到的号码与相应基站进行联系,然后由多个基站进行接力传送,经过中转后,短信到达小刘手机位置所在基站 B,基站 B 把这条短信送到小刘手机上,一次短信传递就此完成。

伪基站即假基站,主要由主机、笔记本电脑、短信群发器、短信发信机等相关设备组成。伪基站能够将自己伪装成运营商的基站,任意冒用他人手机号码,向以其为中心、一定半径范围内的手机号码强行发送垃圾短信。伪基站之所以可以做到任意发送短消息，主要原因是移动智能终端具有灵活的接入方式和高带宽通信性能，并且能根据所选择的业务和所处的环境自动调整所选的通信方式，从而方便用户使用。伪基站运行时，信号强度高于正常的基站信号，用户手机由于自动选择信号较强的设备而连接到伪基站上。伪基站攻击示意图如图 4-17 所示。

基站　　　　手机　　　　伪基站

图 4-17　伪基站攻击示意图

伪基站设备携带方便、操作简单、隐蔽性强，其发送的短信内容不受控制，易被不法分子利用。伪基站的危害极大，攻击者通过伪基站可冒充银行、电信运营商等公共服务号码，甚至公检法等司法机关向用户发送诈骗短信。

虽然伪基站诈骗短信欺骗性很强，但也并非不可识别。如果用户手机信号很弱或者突然回落到 2G 信号，但还能接到可疑短信时，就需要提高警惕。此外，无论诈骗短信如何变化，主要还是与经济利益有关，所以短信中一旦提及安全账户、汇款、欠费、洗钱等，一定要谨慎对待，以免造成财产损失。

2. 垃圾信息

垃圾信息是手机使用过程中常见的问题，部分用户甚至每天都会收到几条或几十条垃圾信息，这些垃圾信息成为现代人"无法拒绝的苦恼"。垃圾信息有来自运营商、银行、各类服务企业的问候，也包含广告和诈骗信息，极大地干扰了用户的生活。

垃圾信息的来源包括短消息、应用通知、厂商消息等，例如苹果手机中的 iMessage，由于缺乏足够的过滤机制，一直被作为各类诈骗、广告信息的发送渠道，如图 4-18 所示。

图 4-18　苹果手机 iMessage 广告和诈骗消息

　　手机短消息的过滤依赖于移动运营商,应用通知消息可通过设置手机操作系统阻止应用的通知，而 iMessage 垃圾消息可通过苹果手机提供的屏蔽功能进行阻止。

　　在苹果手机的"设置"中选择"信息"，"过滤未知发件人"功能，手机会屏蔽来自非联系人的 iMessage 消息，并将信息进行单独归类。

　　国内大部分 iMessage 垃圾消息通过邮箱地址进行发送，这种情况下设置"过滤未知发件人"就无法进行拦截，可以考虑关闭 iMessage，不使用该功能。如果的确需要使用 iMessage 功能，可以考虑利用第三方软件进行过滤。苹果公司于 2019 年开放了部分权限，并在国内与腾讯手机管家合作，为安装了腾讯手机管家的用户提供骚扰电话和垃圾短信的过滤功能，可以从一定程度上缓解垃圾信息的困扰。

3. 设备丢失和被盗

　　很多用户十分注意信息系统的安全，如对浏览器进行安全设置、安装防病毒软件、设置复杂的开机密码，甚至制定一些复杂的安全策略等。但是目前还很少有用户像对待服务器一样注意移动设备的安全，如果手机丢失或被盗，有可能会造成数据丢失和泄露，严重的会造成财产的损失。

　　根据手机丢失和被盗的情况，我们可以采取防护措施。以华为手机为例，开启"查找我的手机"功能后，手机就可以被定位，锁定或擦除所有的数据，并且云备份也会同步开启。具体操作如下：在"设置"中选择"安全和隐私"→"查找我的手机"，阅读相关内容，点击"下一步"，同意开启"云空间"，即云备份同步开启，然后在打开的界面中开启"查找我的手机"功能，弹出一个提示框，点击所有的开启按钮，华为手机丢失找回设置就完成了，如图 4-19 所示。

图 4-19　开启"查找我的手机"功能

如果手机丢失或被盗，使用计算机访问华为云服务官网（cloud.huawei.com），登录华为账号，或在另一部华为手机上登录"查找我的手机"应用，即可擦除手机数据。

手机丢失后，SIM 卡也是一大安全隐患。若利用其他手机启动 SIM 卡，便可以获取短信验证码，登录微信、支付宝、绑定的银行卡等应用账号，后果严重。所以，除了设置手机屏幕密码，还要为手机卡设置 PIN 密码，设置 PIN 密码后，更换手机使用 SIM 卡需要输入 PIN 码，否则无法正常使用。

总之，为了将丢失手机后的损失降到最低，保障个人隐私和重要数据安全，建议大家对重要数据进行备份、开启"查找我的手机"功能和为 SIM 卡设置 PIN 密码，以防患于未然。

4. 设备维修和转卖

维修和转卖移动终端设备可能会导致重要数据丢失和泄露，因为被删除的一些数据可以通过技术恢复。部分维修人员出于好奇，或者一些不法分子为了利益和某种目的，会偷看或恢复设备上的信息，导致用户个人隐私和重要数据泄露。

数据备份只是保障我们的重要数据不会丢失，而数据泄露又如何防范呢？

➢ 通过正规渠道维修和转卖设备，这些渠道的工作较为规范。

➢ 很多手机品牌都设置了"维修模式"功能，可对手机中的照片、视频、短信、微信聊天记录、通信信息、录音、支付软件和手机银行等进行隔离保护，送修前开启该功能，用户个人信息会被隐藏隔离，维修人员在维修过程中无法查看任何个人数据。

➢ 如果有重要数据，维修之前可以和维修商签署保密协议。

➢ 对于淘汰的手机，最好的办法是将其封存，放在安全的地方，如果不能封存，可以借助安全管家类软件将其中数据彻底删除。

5. 系统漏洞

系统漏洞是指应用软件或操作系统软件在逻辑设计上的缺陷和错误。每款软件都会存在设计上的缺陷和错误，若这些缺陷和错误被犯罪分子利用，便可通过植入木马、病毒等方式来攻击或控制整个智能设备，窃取智能设备中的重要资料和信息，甚至破坏系统。随着用户的使用，系统中存在的漏洞会不断暴露出来，这些漏洞会被系统供应商进行纠正，即发布补丁程序，或在以后发布的新版本（系统升级）中修复，新版本修复了旧有漏洞的同时，也会引入一些新的缺陷和错误。系统升级不只是修复漏洞，也会改善或增加新的功能，是对资源的进一步优化，增加了资源的有效性，提升了用户的体验。

6. 过高权限

使用安卓系统的智能手机通常自带很多应用程序，这些应用程序并不都是用户需要的，如果用户为了简化系统、释放内存空间，想删除某些应用程序，就必须让自己的手机获取权限。而使用 iOS 系统的苹果手机限制了许多功能，特别是一些系统功能，如输入法、丰富的手势功能等，还有其他的一些功能软件，因此为了实现一些特殊功能，就需要对 iOS 系统进行"越狱"。"越狱"是指开放用户的操作权限，使得用户可以随意擦写任何区域的运行状态，即利用"越狱"解除原有固件对手机系统的限制和束缚，使用户可以安装非官方或者来自第三方的应用程序。

对操作权限的限制是手机运营商为了系统的安全性或出于销售策略等目的,强制牺牲用户的功能体验和应有权利。利用软件工具获取系统管理权限的用户,在享受到便利的同时,也为手机操作系统带来了相应的安全风险,因为以管理权限操作、运行 App,使得恶意的应用可以管理员的身份对系统进行操作,基本具有最高权限,所有的操作都是允许的。

7. 恶意 App

据统计,每年至少新增 150 万种移动恶意软件,至少造成 1600 万件移动恶意软件攻击事件,恶意 App 对个人隐私信息及资金安全等的威胁逐年增加。有些 App 的功能明明不用开启某权限,却还是强制用户授权才能安装。如图 4-20 所示,对存储权限、摄像头权限、麦克风权限、位置权限、设备信息、日志信息、录音或通话录音、日程表和联系人信息等多项不需要的权限的索取是获取用户个人隐私的重要途径之一。所以,用户在设置 App 权限时一定要注意,不要给予过多权限,否则手机风险很大。

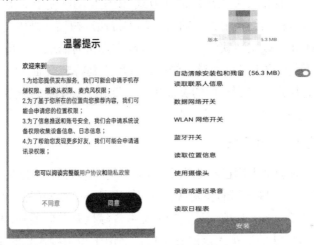

图 4-20　App 安装权限索取

恶意 App 来源复杂,有的是山寨应用、有的是 App 被恶意篡改过,这些不安全的恶意 App 会产生恶意扣费、隐私窃取、远程控制、恶意传播、资源消耗、系统破坏、诈骗诈取和流氓行为等安全危害。移动互联网中可接触到的 App 下载方式千花百样,如应用商店、手机论坛、网站下载、二维码扫描、广告推送等,为了防范恶意 App,建议从正规渠道下载 App,如官方网站、正规应用商店等。

为了净化移动互联网应用生态环境,在源头上阻断违法有害移动应用进入市场,国家移动互联网应用安全管理中心(CNAAC)对申请上架的 App 进行全方位的安全检测,对检测合格的 App 授予 CNAAC 应用安全标识,应用成功通过检测之后会带有电子安全签名,作为认证 App 符合国家安全管理规范的官方证明。

4.3.3　移动智能终端的安全使用

移动智能终端作为移动业务对用户的唯一体现形式以及存储用户个人信息的载体,越来越受到攻击者的关注,很多针对个人计算机的攻击者都开始将目光转向移动智能终端设备。对于智能终端的安全防护,应确保移动智能终端的完全可控,实现用户个人信息的保密性、完整性和可用性。为防范安全威胁,可以参考以下建议。

1. 尽量不要访问不明网站

移动互联网上存在着大量的不明网站,这些网站有可能是山寨的、被恶意篡改的、带有木马及病毒的网站,访问这些不明网站可能导致移动终端被植入恶意代码,带来恶意扣费、隐私窃取、远程控制等安全风险,轻则造成经济财产的损失,重则可能危及人身安全。

2. 慎扫二维码

二维码是应用非常广泛的互联网地址展现方式,依托移动终端中的摄像头能很方便地实现对特定路径的访问,目前移动终端中大量的软件都支持通过扫描二维码实现相应的功能(如访问特定页面、付款等)和下载安装软件。由于二维码实际访问的地址对用户并不直观可见,因此带来了较大的安全风险,攻击者可通过二维码引导用户到特定页面并将恶意代码植入用户手机,或者通过二维码将用户引导到虚假的页面中形成欺诈。从安全的角度来看,对二维码的随意扫描是缺乏安全意识的行为,应该尽量避免。

3. 不要随意连接不明无线网络

如今,使用手机随时随地上网已经成为众多用户的生活习惯,在公共场所,如酒店、商场、火车站等地方,不要轻易连接不明的免费 Wi-Fi,特别是不需要密码的 Wi-Fi,更不能在连接后操作网银和微信转账等功能。目前广泛使用的无线局域网是单向鉴别,即由接入点对用户终端进行鉴别,用户终端无法验证接入点的安全性,而用于识别接入点的服务集标识(SSID)可以由接入设备(无线路由器)随意设置,因此,一个标识为 CMCC 的接入点并不一定就是中国移动的无线接入点。用户随意接入 Wi-Fi,可能导致接入攻击者控制的无线接入点中,那么其中传输的数据都可以被攻击者获取。

4. 小心打开不明链接

移动互联网时代,很多用户的手机、微信上都会经常收到各类广告和推销信息,这些信息中通常都会携带一个链接地址,这些链接地址就是不明链接,可能会跳转到各种钓鱼网站、挂马网页等。在收到这些消息时,不要随意打开其中的链接。

5. 设置锁屏访问控制

移动终端的重要性使得我们需要认真考虑访问控制问题,应启用锁屏访问控制功能,需要经过验证才能使用移动终端,否则,任意人员只要能接触到手机,就可以进行操作,手机就如同没有关门的房子,任何人都能进入,无法保证安全。

6. 开启丢失找回功能

开启丢失找回功能是在手机遗失或被盗的情况下，把损失降到最低的有效手段。手机丢失找回功能除了可以定位，最重要的是可以在手机丢失后，设置对数据的擦除，这样当手机连接到互联网时，其中的数据就会自动被抹除，保障用户的重要数据和个人隐私安全。

7. 重要数据备份

移动智能终端在使用过程中，自然灾害、病毒侵入、意外遗失、被盗、被人为破坏、电源故障乃至个体的意外操作失误等都可能导致系统故障、数据丢失。对重要数据进行备份，可以在安全事件发生后，保证个人信息和重要数据不会遗失，最大限度地保障个体的经济利益，把损失降到最低。

第 5 章

互联网应用与隐私保护

■ 阅读提示

　　本章主要介绍了目前互联网应用中最广泛的 Web 浏览、电子邮件、即时通信的安全使用和个人隐私保护等相关知识。通过学习，读者可了解如何安全地使用这些互联网应用，避免安全风险，保护个人隐私信息。

5.1　Web 浏览安全

5.1.1　Web 应用基础

　　Web（World Wide Web）也称为万维网，是一种基于超文本和 HTTP 的互联网上的网络服务，为用户浏览信息提供图形化、易于访问的交互界面，其中的文档和超链接将互联网上的资源组织成相互关联的网状结构。Web 应用在互联网中占据了极其重要的地位，互联网用户使用量非常庞大的搜索引擎、网络新闻、电子商务甚至在线教育、互联网政务、电子游戏等很多都是基于 Web 进行开发和实现的。与之对应的，Web 应用所带来的安全问题也越来越突出。

　　Web 应用广泛使用的是浏览器/服务器（B/S）架构，计算机操作系统已经普遍将浏览器内置，因此计算机终端无须进行特殊设置就可使用服务。浏览器作为承载 Web 应用的用户端软件，成为攻击者攻击的主要目标，针对浏览器的安全威胁越来越多。根据相关安全调查显示，75%的信息安全攻击都发生在 Web 应用层而非网络层上，而开发人员和用户普遍缺乏安全意识，导致 Web 应用存在大量的安全问题。尽管 Web 体系由操作系统、数据存储、Web 服务、Web 开发语言、Web 开发框架、Web 应用程序、Web 前端框架、第三方服务、浏览器等组件构成，但在 Web 应用所面临的安全隐患中，浏览器安全问题是最常见的安全突破点。

5.1.2　浏览器的安全威胁

浏览器是检索、展示以及传递 Web 中信息资源的应用程序。终端用户使用浏览器访问 Web 应用服务，并获取信息。浏览器的安全是整个 Web 应用安全中离用户最近的一个环节。当互联网用户使用浏览器访问 Web 应用时，面临的安全威胁包括跨站脚本攻击、跨站请求伪造、网页挂马、网络钓鱼等。

1. 跨站脚本攻击

跨站脚本攻击即 Cross Site Scripting，为了区别于层叠样式表（Cascading Style Sheets，CSS），通常缩写为 XSS。跨站脚本攻击是由于网站允许脚本运行，而开发人员对用户提交的数据没有进行严格的控制，使得用户可以提交脚本到网页上，这些脚本在其他用户访问时可以加载并执行。这些脚本包括 JavaScript、Java、VBScript、ActiveX、Flash，甚至是普通的 HTML 语句。

跨站脚本攻击是目前互联网上最普遍的面向浏览器的攻击方式，由于跨站脚本攻击可以使用户在浏览器中执行攻击者构造的恶意脚本，因此攻击者就可以在受害者的计算机中执行命令、劫持用户会话、插入恶意内容、重定向用户访问、窃取用户会话信息和隐私信息、下载蠕虫和木马到受害者计算机上等。在连续多年的 Web 安全威胁统计中，跨站脚本攻击都排在第二位，仅次于代码注入漏洞。

2. 跨站请求伪造

跨站请求伪造（CSRF）是一种以用户身份在当前已经登录的 Web 应用程序上执行非用户本意操作的攻击方法。可以这样理解，如果网站存在跨站请求漏洞，攻击者可以冒用正常用户的身份，以用户名义发出恶意请求，由于服务器已经验证过用户的身份，因此服务器认为这个请求是正常用户的合法请求，从而导致攻击者的非法操作被执行，例如，窃取用户账户信息、添加系统管理员、购买商品、虚拟货币转账等。跨站请求伪造利用的是网站对用户网页浏览器的信任。

3. 网页挂马

网页挂马是指攻击者构造携带木马程序的网页，该网页在被浏览器访问时，利用系统漏洞、浏览器漏洞或用户缺乏安全意识等安全漏洞，将木马下载到用户的系统中并执行，从而实现对用户系统的攻击。网页挂马有以下常见方式。

（1）利用操作系统、浏览器甚至浏览器组件的漏洞。当用户浏览网页时，页面中预定义的攻击代码被执行，利用漏洞将木马下载到目标计算机系统中并执行。

（2）将木马伪装成页面中的元素。例如，将木马程序伪装成下载网站中用户要下载的软件，当用户进行安装时，木马便进入受害者的系统中。

（3）利用浏览器脚本运行配置过于宽松的设置。如果浏览器的脚本权限设置为全部无须用户确认执行，攻击者可构造特定的网页，当用户访问时，通过脚本将木马释放到用户的系统中。

4. 网络钓鱼

网络钓鱼（Phishing）是攻击者利用欺骗性的电子邮件或其他方式将用户引导到伪造的Web 页面来实施网络诈骗的一种攻击方式。对网络钓鱼缺乏了解的用户可能会在伪造的网页提交个人隐私信息（如信用卡号、银行卡账户、身份证号等），从而导致信息泄露。例如，某攻击者冒充银行向用户发送电子邮件，声称由于系统升级，需要用户单击邮件中的链接到该银行网页上进行密码时钟校准。链接的页面是攻击者伪造的，并且与银行官方网站页面非常相似（见图 5-1），缺乏足够安全意识的用户就可能被欺骗，从而在该网页上提交自己的银行卡号与口令。

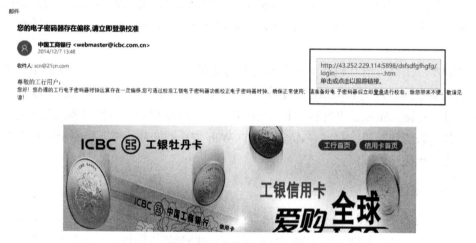

图 5-1　网络钓鱼攻击案例

5.1.3　Web 浏览安全意识

Web 浏览过程中面临的各类网络安全攻击，绝大部分需要用户使用浏览器去访问相应的页面，而具备良好安全意识的用户能意识到哪些是不安全的访问，不会被引导到存在攻击的网页上。因此，安全意识是 Web 浏览安全攻防的关键所在。Web 浏览中各类网络攻击能得逞的原因都可以归结到用户的安全意识不足，没有对计算机系统采取完善的防御措施，随意访问不可靠的链接。在 Web 浏览的过程中，每个用户都应具备良好的安全意识，关注个人隐私和数据保护，保持良好的安全防范意识，才能防止个人隐私被非法收集和非法利用，很好地应对各类网络安全威胁。

1. 关注 Web 浏览过程的隐私保护

主流的浏览器基本都具备较好的隐私保护功能，在使用过程中要关注相关隐私条款政策并进行隐私保护相关设置。如图 5-2 所示，微软最新的 Edge 浏览器为用户提供了隐私保护政策。

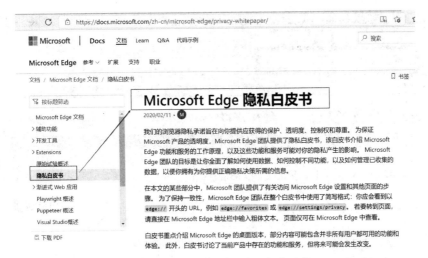

图 5-2　Microsoft Edge 隐私保护政策

2. 慎用密码自动保存

根据浏览器的隐私保护相关政策和安全设置，在浏览器使用过程中，对于浏览器弹出的自动保存网站密码、自动登录等设置，应在确保系统可控的情况下进行确定。在多人公用的计算机系统中，应禁止使用密码保存和自动登录功能，避免由此造成个人隐私信息泄露。

3. Web 浏览中的最小特权原则

Web 浏览中应遵循信息安全通用的"最小特权原则"。最小特权原则是指只给予计算机、用户或每个模块完成功能所必需的信息或资源，以避免数据及功能被恶意利用或访问。Web 浏览中最小特权原则是明确需要访问的资源，对于不需要的页面不要随便访问，不明确的链接不要随意点击，不需要下载的文件不要下载，不熟悉的联网方式不要随便连接等。

4. 确保登录口令安全

口令是身份鉴别中最常用的鉴别措施，若用户安全意识不足，设置的口令过于简单，会使得攻击者很容易猜出用户的口令，从而实施攻击。在 Web 应用中设置口令时应遵循以下要求。

➢　口令应具有足够的复杂性，口令的相关信息（包括验证信息）应避免告诉其他人。

➢　口令分类分级，避免多个网站共用一个口令导致撞库攻击。

➢　养成定期更改口令的好习惯。

➢　输入口令时应注意防"偷窥"。

5. 访问不明链接要先确认

为了应对网页挂马攻击，在收到带超链接的邮件、即时消息等信息时，如果需要访问，应对该超链接中真正访问的链接地址进行确认，而不是看该超链接标识的地址。攻击者在设置钓鱼网站的地址时，选择的往往是与仿冒网站非常相似的域名，例如，中国农业银行的官方网址为 www.abchina.com，而攻击者构建的钓鱼网站网址是 www.abcochina.cn，如图 5-3 所示。如果没有细致核对域名，那么就有可能被引导到错误的网站上。

图 5-3　钓鱼网站案例

从钓鱼网站案例中可以看到，该网站使用 http 而不是 https。https 采用密码技术对会话进行保护，能避免嗅探、中间人、篡改等多种攻击，已应用于大量网站，作为银行的官方网站，虽然出于兼容性考虑，会使用 http 服务，但对于用户登录等重要的信息输入页面，必须采用 https 对会话进行保护。很多钓鱼网站出于成本或其他原因，通常只支持 http 这类没有加密的协议，因此，如果访问的重要网页没有使用 https 进行保护，那么基本可以判断该网站为钓鱼网站。如图 5-4 所示，使用 https 时会在浏览器地址栏前显示锁状图标。

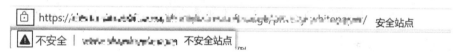

图 5-4　浏览器的地址栏前显示会话安全状态

6. 关注网站备案信息

为了解决网站中的欺诈问题，我国要求网站上线要具备 ICP 备案号，如图 5-5 所示，否则不允许接入互联网并提供服务。正规运营的网站通常需要将备案信息公示在网站中，而攻击者构建的钓鱼网站通常情况下无法进行备案，因此查询网站的备案信息可以确定该网站是否合规。如果没有备案信息或备案信息与网站不一致，那么该网站的安全性就存疑了。

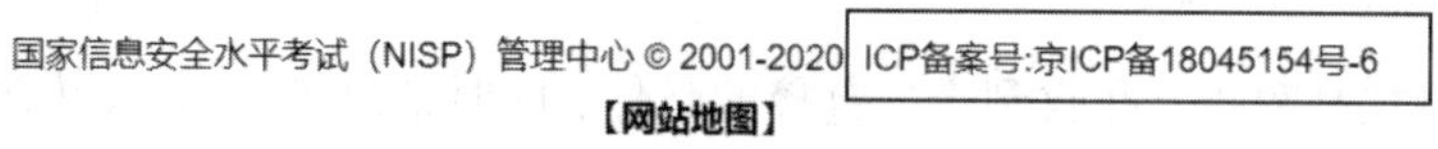

国家信息安全水平考试（NISP）管理中心 © 2001-2020 | ICP备案号:京ICP备18045154号-6
【网站地图】

图 5-5　站点 ICP 备案号

5.1.4　浏览器的安全使用

目前的主流浏览器，如 Microsoft Edge、Chrome、Firefox、QQ 浏览器等都提供了安全机制用于保护 Web 浏览的安全，如果能将浏览器的安全配置进行设置，就能更好地应对 Web 浏览过程中的安全风险。下面以 Chrome 浏览器为例，介绍如何通过设置提高 Web 浏览的安全性。

1. 清除浏览数据

在使用的过程中，浏览器会将用户浏览的页面、访问和下载记录、用户名/密码和其他登录数据等进行缓存，以提高用户的浏览效率，然而这些浏览数据存在系统中，如果计算机不是专用的，那么其他系统用户就有可能查看到这些数据，从而导致用户隐私信息的泄露。因此对于普通用户而言，应养成定期清除浏览记录的习惯。Chrome 中清除浏览数据的界面如图 5-6 所示。

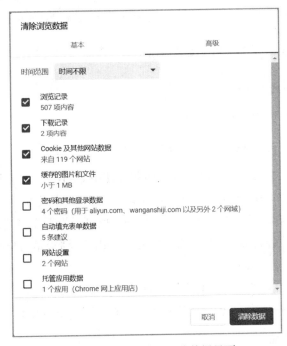

图 5-6　Chrome 清除浏览数据界面

2. 防止跟踪

Cookie 是浏览器使用的文本格式的小文件，用于存储用户信息和用户偏好等信息。部分浏览器还使用 Cookie 记录用户访问某个网站的用户名和密码，方便用户下次访问该网站时直接登录，而无须输入用户名和密码。Cookie 使用文本文件格式，而其中又包含较隐私的信息，攻击者可以通过获取 Cookie 来收集用户信息或获得其他权限。为了保证 Cookie 的安全，现在广泛使用的浏览器很多已经提供了 Cookie 管理相关设置，如图 5-7 所示为 Chrome 中的 Cookie 管理选项。

（1）允许所有 Cookie：如果没有特别需要，不建议选择该选项，Cookie 会导致相应的安全风险。

（2）在无痕模式下阻止第三方 Cookie：选择该选项，如果需要保证浏览的安全，可将浏览器切换到无痕模式下，此时第三方 Cookie 就不会被浏览器接受。

（3）阻止第三方 Cookie：选择该选项，在任何情况下浏览器都会阻止第三方 Cookie，安全性较高。

（4）阻止所有 Cookie：选择该选项，不允许使用 Cookie，虽然安全性较高，但可能会导致很多网站不可访问。因此在选项后也明确给出"不建议"的说明。

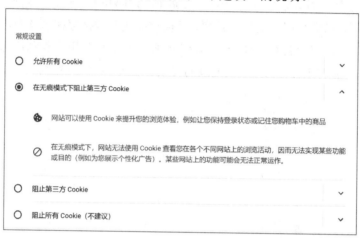

图 5-7　Chrome 提供的 Cookie 管理选项

由于 Cookie 在浏览中的作用，很多网站还需要使用 Cookie，为了避免敏感和隐私信息的泄露，可以设置"退出时清除 Cookie 及网站数据"。启用这个设置后，退出浏览器时 Cookie 和浏览过程中产生的缓存等数据都会被清除。另外，也可以设置浏览器的"不跟踪"请求。浏览器在访问网站时告诉网站不希望被跟踪，虽然"不跟踪"请求是否执行的决定权在网站，但规范设计的网站会遵循浏览器的要求。

此外，还可以通过设置"网站设置"中的选项，控制网站的权限，如是否允许网站使用位置信息、操纵摄像头、弹出窗口等，如果不是必需的，应尽量避免允许网站使用这些权限。

3. 慎用自动填充功能

浏览器的自动填充功能是为了方便用户而设计的，当用户在某个网站输入用户名和登录口令后，浏览器可以将这些信息保存下来，在用户下次访问该网站时自动进行填充，无须用户再次填写用户名和口令。如果计算机不是安全可控的，使用这个功能会带来账户和口令泄露的风险。对于自动填充功能，可以在浏览器中进行设置和管理，部分经常使用并且重要程度不高的网站账号和口令，可以设置为自动填充，而较为重要的网站账号和口令，出于安全考虑，不要设置为自动填充。已经设置为自动填充保存的账号和口令，可以在自动填充管理中进行删除，如图 5-8 所示。另外，虽然多平台同步账户非常方便，但不建议将保存的口令信息同步到云端保存。

图 5-8　管理自动填充

4. 慎用代理服务器

代理服务器访问模式是指浏览器不直接向网站服务器请求数据,而是将请求发送给代理服务器,然后由代理服务器发送请求给服务器,接收服务器的返回数据并转发给浏览用户的模式。在代理模式下,用户的访问信息都需要通过代理服务器进行处理,如果无法保证代理服务器的安全性,应尽量避免使用。

5.2　互联网通信安全

5.2.1　电子邮件安全

1. 电子邮件安全应用

电子邮件(Email)是一种信息交换的服务方式,是互联网上最古老也是应用最为广泛的服务之一。

电子邮件系统的工作过程如图 5-9 所示。用户代理是用户与电子邮件系统的接口。如果用户使用电子邮件客户端软件(如 Foxmail 软件)收发和处理邮件,用户代理就是邮件客户端软件;如果用户使用浏览器收发邮件,用户代理就是各种电子邮件服务商提供的网页程序(如网易提供的 163 邮箱)。

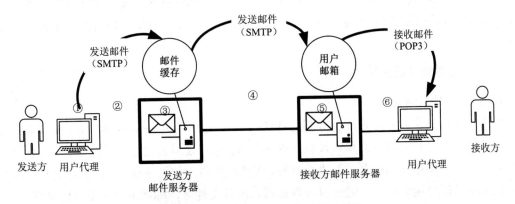

图 5-9　电子邮件系统的工作过程示意图

发送电子邮件时，发送方撰写邮件后，用户代理通过简单邮件传输协议（SMTP）与发送方邮件服务器通信，将邮件上传到发送方邮件服务器，发送方邮件服务器会进一步使用 SMTP 将邮件发送到接收方邮件服务器。接收方通过用户代理，使用邮局协议（POP3）将邮件从接收方邮件服务器下载到客户端进行阅读。

2. 电子邮件安全威胁

随着电子邮件的广泛应用，电子邮件面临的安全威胁越来越多。这些威胁包括邮件地址欺骗、垃圾邮件、邮件病毒、邮件炸弹等。

1）邮件地址欺骗

邮件地址欺骗是攻击者和垃圾邮件发送者最常用的攻击方式之一。早期的电子邮件发送协议缺乏对发送者的身份验证机制，发送者可以随意构造发送电子邮件的地址、显示名称等信息，而接收者无法对这些信息进行验证。例如，攻击者可以向用户发送一封邮件，标识发件方地址为 admin@qq.com，这样的邮件很容易被接收者错误地认为是由腾讯 QQ 官方发出的电子邮件。

随着电子邮件发送协议的升级，增加了发送方身份验证的功能，在一定程度上抑制了邮件地址欺骗的泛滥，但攻击者仍然可能通过自建电子邮件发送协议服务器来实现发送伪造地址的邮件，这种情况下，需要邮件服务器具备反向认证机制，通过对邮件来源的 IP 地址进行检查、反向 DNS 查询等方式，验证邮件发送方的真伪。

2）垃圾邮件

垃圾邮件是未经用户许可而发送到用户邮箱的电子邮件，通常情况下是各类广告、欺骗信息等。各类商业宣传广告虽然会给用户造成困扰，但对收件人影响并不大，而包含违法信息的广告、携带恶意代码的垃圾邮件等会给用户带来极大的安全威胁。

3）邮件病毒

邮件病毒是依托电子邮件进行传播的蠕虫病毒，感染邮件病毒的计算机会向其邮件客户端通讯录中的其他邮件地址发送携带病毒的邮件，并利用社会工程学方式引诱接收者打开邮件而执行病毒，从而实现病毒的传播。

4）邮件炸弹

邮件炸弹是垃圾邮件的一种，是指通过向接收者的邮箱发送大量的电子邮件，消耗接收者的邮箱空间，最终因空间不足而无法接收新的邮件，导致其他用户发送的电子邮件丢失或被退回。

3. 电子邮件安全防护技术

1）垃圾邮件过滤技术

垃圾邮件过滤是应对垃圾邮件威胁的有效措施之一。邮件服务器或客户端、反垃圾邮件网关等相关组件通过设置黑白名单对垃圾邮件进行过滤，这是最直接也是最简单有效的方式，但由于需要用户手动添加黑白名单并进行管理，因此需要较大的管理成本。内容过滤是垃圾邮件过滤技术中广泛应用的技术，通过对邮件标题、附件文件名、邮件附件大小等信息进行分析，由系统将识别为垃圾邮件的电子邮件进行删除。

垃圾邮件过滤技术是一种被动防御技术，也是目前应用最广泛的反垃圾邮件技术。

2）邮件加密和签名

邮件发送和接收协议 SMTP、POP3 在设计上对安全没有足够的考虑，因此使用 SMTP、POP3 进行邮件收发的会话缺乏加密机制，未经加密的邮件很容易被攻击者获取。因此，如果能对带有敏感信息的邮件进行加密和签名，可极大地提高安全性。

对邮件进行加密和签名最常用的方式是使用安全套接字协议（SSL）对会话进行保护，目前主流的邮件服务系统基本已经支持 SSL 连接，利用虚拟专用网络技术确保会话过程的安全可靠。

用户也可以使用专业的电子邮件加密和签名软件对邮件进行加密，这类软件较多，常见的 PGP（Pretty Good Privacy）是一个用于消息加密和验证的应用程序。

5.2.2　即时通信应用安全

1. 即时通信的安全威胁及风险

即时通信（IM）是目前最为普遍的网络应用之一。经过多年的发展，即时通信软件从最初的文字交流发展到已经能在多台计算机设备之间进行文件传输，音频、视频沟通，甚至业务流程处理、生活服务、购物支付等多样的功能。即时通信服务融入个人生活、工作交流的方方面面，成为互联网生活中最重要的连接器。

正是因为即时通信应用成为互联网应用中最受欢迎的服务，巨大的用户数量和丰富的功能对攻击者也具有极高的吸引力。丰富的功能是大量用户使用即时通信应用的主要原因之一，但丰富的功能也带来了安全方面的风险。功能越多，业务越复杂，其中存在安全问题的可能性也越大，这就给攻击者带来了可乘之机。即时通信应用中存储着大量用户数据，在信息泄露事件频发的当下，即时通信应用的安全性是即时通信服务提供厂商最需要关注的问题。即时通信应用系统主要面临以下安全问题。

1）即时通信应用系统自身安全风险

即时通信系统应用广泛，用户数量巨大，微信、钉钉等即时通信应用已经成为关键信息基础设施，存储在服务器中的各类数据的数量异常庞大，不仅有用户隐私、敏感信息，还包括大量的系统登录口令和重要的企业文档。尽管很多安全意识培训或宣传资料中都在教育用户不要通过即时通信应用传输敏感信息，但在实际的使用过程中，出于对服务商的信任，以及对敏感信息识别、处置的安全意识尚未完全建立，通过即时通信应用发送个人、组织机构内部敏感信息的情况仍然普遍存在。而为了方便用户，很多即时通信应用还提供聊天记录的网络存储、文档的收藏等功能，这就使得攻击者可以通过攻击即时通信应用获得用户登录身份，收集到用户的大量敏感信息，甚至伪装成用户实施其他类型的攻击。

2）利用即时通信传播恶意代码

即时通信用户数量庞大，并且每个用户都有大量的联系人清单，这些都为蠕虫病毒的传播提供了很好的条件。蠕虫病毒利用即时通信应用向用户的联系人发送信息，而即时通信用户之间的较高信任度使得这个信息中携带的恶意信息（挂马网页链接、蠕虫病毒自身）被打开的概率相对较高，这成为蠕虫病毒传播的社会工程学攻击基础。

3）利用即时通信破坏防御系统

即时通信应用的多平台支持使得其被很多组织机构在办公用的计算机终端中使用，而攻击者发送的恶意代码信息如果是针对组织机构办公用的终端系统，例如，即时通信 Windows 版本，那么就可能将木马植入组织机构办公内网中，这使得攻击者可以突破组织机构边界防护，实现对内网的攻击。组织机构的边界防护设备（如防火墙）通常情况下是对从外部向内部发起的连接进行阻止，或者使用网络地址转换（NAT）等方式进行内部上网保护，攻击者无法直接访问内部计算机，从而无法实施攻击。但防火墙设备通常不会阻止由内部向外部发起的连接请求，因此内部计算机中植入的木马就可以通过主动向攻击者发起连接请求的方式，建立起一个TCP 会话，让攻击者操纵内部网络中的计算机终端，实施内部攻击。

4）网络欺诈及非法信息

现在以即时通信应用作为诈骗途径的网络钓鱼行为越来越频繁，不法分子利用即时通信软件添加目标为好友，伪造人设，逐步取得目标好感后实施诈骗。这种诈骗方式甚至有了通用的名称——"杀猪盘"。常用的诈骗方式包括：

➢ 以恋爱为名，逐步引导受害者为之花钱。

➢ 以好的投资渠道为名，让受害者将钱投入诈骗者建设的假投资平台，从而让受害者血本无归。

➢ 引导用户参与赌博等。

2. 即时通信的安全使用

即时通信是一种互联网应用，其生态环境是由厂商、应用服务商和每一个用户共同构建的。作为其中的一个用户，提高自身的安全意识，安全地使用即时通信，是构建安全可靠的应用环境最重要的环节。

➢ 即时通信账户的登录口令应具备足够的安全性，并且不与其他系统、平台账户一致。

➢ 具备良好的安全意识，不随意添加不了解的人员为好友。

➢ 不要随意访问联系人、群聊天消息中携带的链接，特别是诱惑性的链接，通常存在安全风险。

➢ 涉及资金的，如转账、验证码等，应通过其他途径确认后再操作。

尽管即时通信面临很多安全风险和威胁，但通过学习网络安全知识，提高安全意识，具备基本的安全防护知识，用户就能避免绝大部分的安全风险。

5.3　个人隐私和组织机构敏感信息保护

5.3.1　数据泄露与隐私保护

数据是信息化产生的结果，也是信息化的核心要素。随着信息化技术的发展，数据产生的速度也在不断加快，特别是云计算、大数据、人工智能等新技术在各个领域应用的推进，使数据在产生的同时也形成了新的生产力，推动了组织机构的运营能力，甚至成为组织机构的核心资产，成为商业驱动的源泉。对于个人而言，手机、可穿戴电子设备等逐渐普及，在使用这些设备的过程中，随时随地都在产生各类数据，例如 GPS 定位的行程和状态，手环中产生的每日行走步数，手机中的各类外卖订单等，这些为个人便捷生活、身体健康而产生的海量数据具有巨大的价值，但也不可避免地面临许多安全威胁。针对数据的攻击和窃取以及勒索病毒的大量出现，都说明一个问题——数据的价值已经得到高度认可。数据所面临的安全威胁也前所未有的严重，并且在不断增加。

数据的价值虽然得到了认可，但与之相对应的，很多企业的安全防护能力却尚未得到有效的提升，以应对数据的窃取和勒索病毒攻击。云计算的广泛应用使得大量企业将数据保存在云端，虽然云服务平台提供了一定的安全保障，但组织机构在云端的应用软件、系统接口通常由自身或第三方软件公司开发，由于开发人员缺乏足够的安全意识和安全开发能力，仍然存在大量的安全缺陷。2018 年，华住集团超过 5 亿条包含个人身份证号、手机号、开房记录等信息的数据泄露，被打包在暗网中销售的案例，充分说明了很多企业并未做好数据安全防护措施，也缺乏数据泄露后的紧急处置预案。不同类型的企业对数据安全的重视程度不同，对数据依赖程度越高的组织机构，对数据安全的重视程度越高，但相对应的是，掌握数据量越大的组织机构，其规模也越大，这就使得数据安全工作更难以实施，往往是一个内部工作人员就可能导致数据泄露，因此除了构建完善的防护体系，建立数据安全管理制度，也需要在运行中不断完善，并通过持续的培训教育，提升内部工作人员的信息安全保护意识。

《网络安全法》作为我国网络安全领域的基本法，在第四章“网络信息安全”中对个人信息的保护提出了明确的要求，这既是为了应对当前个人信息安全面临的严峻形势，也是为了保护国家网络空间安全。随着《中华人民共和国个人信息保护法（草案）》等一系列信息保护相关法律的发布，未来个人信息收集、使用规则将更加具体和可操作，也将对企业提出更高的合规要求。

5.3.2　信息的泄露途径

1. 公开收集

信息化时代是信息大爆炸的时代，人们每天在使用各种网络服务、网络应用的同时，也在产生各类信息，而这些信息本来就是公开的。这些公开的信息经过搜集汇总、分析后，会暴露组织机构、个人的内部、敏感信息，也会导致一定程度的信息泄露。在对一个目标进行攻击前，攻击者通常会有针对性地搜集目标对象的相关信息，其中可被用于搜集信息的公开渠道包括搜索引擎，报纸、杂志、文库等各类媒体，微博、论坛、社交网站等各类自媒体。如在百度文库中，可搜索到某公司完整的网络建设实施方案，包括详细的网络拓扑、安全设备等信息，这些信息对内外部攻击者都是非常有价值的资料，如图 5-10 所示。

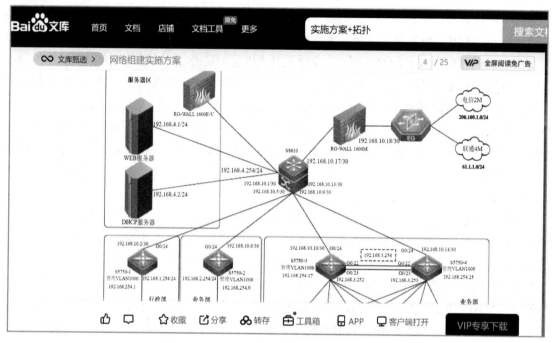

图 5-10　百度文库中某公司的网络建设方案

2. 非法窃取

非法窃取是目前信息泄露的主要途径，攻击和盗窃数据事件频发的原因在于，信息化时代，新技术的应用使得更多的传感器被应用，信息类型和数量快速膨胀，很多信息在用户不知情的情况下就被采集了，而为了使数据可被更快捷地访问，数据的载体增多，使得保护难度增大。例如，手机、平板电脑、笔记本电脑等数据终端载体面临盗窃、丢失、感染木马、恶意 App 导致数据被窃取的威胁，而服务器上存储的数据，也面临远程攻击、内部人员盗窃等威胁。

根据某知名公司发布的 2020 年数据泄露调查报告（该报告从 2008 年开始首次发布，当前已经发布到第 13 年，2020 年的报告共有来自 81 个国家的 81 个组织参与，调研 157 525 起安全事件，其中 32 002 起事件符合其研究标准，核实为真正的数据泄露事件的为 3 950 起），发现数据泄露最大的安全威胁已经不再来自内部人员而是外部攻击。报告显示：

➢ 22%的泄露事件涉及云资产，而本地资产则占报告事件的 71%。

➢ 45%的违规行为是黑客攻击，22%涉及社会工程学攻击，22%涉及恶意软件。

➢ 55%的违规事件和有组织犯罪相关，外部攻击者占 70%，企业内部攻击者占 30%。

➢ 81%的泄露是在几天或更短的时间内发现的。

➢ 72%的事件涉及大型企业。

➢ 58%的事件涉及个人数据泄露。

➢ 43%的泄露涉及 Web 应用程序。

从报告统计数据可见，数据泄露事件主要来自外部攻击（70%），并且主要为有组织的攻击（55%），攻击对象主要是大型企业（72%），追求经济利益仍然是最大的攻击动机。

3. 合法收集

数据的产生是为业务提供服务或者是业务的一部分，因此大量的组织机构为了保障业务的正常运行，需要采集各类数据。数据的采集是合法的，但由于内部自身管理的原因，可能会导致合法搜集的数据被泄露。其中包括管理不善、对数据非法利用等导致泄露。

4. 无意泄露

无意泄露是由于组织机构或个人没有意识到数据的重要性，或者对攻击者进行数据收集的实现方式缺乏了解，在数据发布上缺乏足够的安全防护及安全意识，从而导致数据泄露。

组织机构的无意泄露源于信息公布过于细致、对数据敏感性把握不足。例如，政府在官方网站上发布的数据，由于没有设置安全控制措施，使得攻击者可以利用爬虫（一种自动抓取数据的程序）将数据抓取下来，这些数据单条都不算泄露，但累积到一定数量之后，就会产生信息泄露问题。

个人的一些无意行为，如日常生活中对一些包含个人隐私信息的快递盒、车票、发票等随意丢弃，在各种调查问卷、测试程序、抽奖等需要留存个人数据的网站随意填报，还有在微博、微信朋友圈等发布与自身密切相关的信息等，都会导致信息泄露甚至造成严重的后果。

5.3.3 个人隐私信息保护

我国法律非常重视个人隐私保护，在《宪法》第四十条中明确规定："中华人民共和国公民的通信自由和通信秘密受法律的保护。除因国家安全或者追查刑事犯罪的需要，由公安机关或者检察机关依照法律规定的程序对通信进行检查外，任何组织或者个人不得以任何理由侵犯公民的通信自由和通信秘密。"该条款对公民通信的自由与隐私提出了明确的保护要求。《网络安全法》在此基础上将个人信息保护作为重点立法对象，提出了多条相关要求，明确了个人信息保护的主要要求，而即将出台的《中华人民共和国个人信息保护法》则进一步将个人信息保护要求细化，更有针对性。我国个人信息保护工作从宏观要求到具体条款逐步完善。

除了法律相关要求，作为网络空间的一员，每一个用户都应加强个人隐私保护的意识，在日常生活中避免个人信息泄露。

➢ 尽量不要注册不知名的网站，这些网站对用户信息保护能力不足，容易导致信息泄露，如果确实需要注册，应使用与常用网站不同的用户名、口令，例如，不用主要手机号进行注册验证。

- ➤ 尽量不要在论坛、微博等开放的平台发布照片、行程、生日、纪念日等信息。
- ➤ 在非自己可控的计算机上避免输入账户信息，更不要使用"记住账号和密码"等功能。
- ➤ 不要随意丢弃包含个人信息的资料，应将敏感信息销毁后再处置。
- ➤ 不要随意使用公共场所的 Wi-Fi，特别是未经加密的 Wi-Fi。
- ➤ 不要随意扫描无法确认安全的二维码。
- ➤ 不要随意丢弃废旧电子设备或卖给二手设备回收商，应将数据粉碎后再处置。

5.3.4 组织机构敏感信息保护

组织机构的敏感信息泄露防护是一个体系化的工作，包括采取技术措施和管理措施，构建数据安全防护体系，才能有效地降低信息泄露的风险。

1）技术措施

敏感信息泄露防护措施包括数据加密、信息拦截、访问控制等具体实现。

数据加密是指采用密码技术对数据进行加密，然后通过密钥管理和密钥分发实现对数据解密的授权，只有被授权的人才能解密和使用数据。信息拦截是指在网络出口和主机上部署安全产品，对进出网络主机的数据进行过滤，发现数据被违规转移时，进行拦截和警报。访问控制受限于操作系统机制，可能被绕过。因此，在实际应用中需要综合利用各类防护技术的优点，以更好地保护隐私信息的安全。

2）管理措施

加强信息安全、防止信息泄露不仅仅通过技术实现，还应结合各类管理措施并进行落实，才能有效提高企业的敏感信息泄露防护能力。组织机构的信息安全管理体系中，应该针对数据泄露相关法律法规要求，在风险评估的基础上，形成数据泄露防护的安全需求，制定相应的管理制度，对数据泄露的风险进行控制。

第 6 章

网络攻击与防护

阅读提示

本章介绍了安全漏洞的基本概念、网络攻击的基本过程，并重点介绍了口令破解、社会工程学攻击及恶意代码这三类最常见的互联网攻击技术。通过学习，读者可了解网络攻击的过程及典型攻击的实现原理，从而采取相应的措施应对这些类型的攻击。

6.1 安全漏洞与网络攻击

6.1.1 安全漏洞

安全漏洞也被称为脆弱性。1947 年，冯·诺依曼建立计算机系统结构理论时认为，计算机系统也有天生的类似基因的缺陷，也可能在使用和发展过程中产生意想不到的问题。从产品、主机、网络到复杂信息系统，安全漏洞以不同形式存在，而且数量逐年增加，利用漏洞造成的各类安全事件层出不穷。从生命周期的角度出发，信息安全漏洞是信息技术、信息产品、信息系统在需求、设计、实现、配置、维护和使用等过程中，有意或无意产生的缺陷，这些缺陷一旦被恶意主体利用，就会对信息产品或系统的安全造成损害，从而影响构建于信息产品或系统之上的正常服务的运行，危害信息产品或系统及信息的安全属性。

信息系统漏洞产生的原因主要是由于构成系统的元素（如硬件、软件、协议等）在具体实现或安全策略上存在缺陷。人类思维能力、计算机计算能力的局限性等根本因素，导致漏洞的产生是不可避免的。

1. 漏洞产生的技术原因

随着信息技术应用的发展和深入，人们对信息系统的功能和性能要求越来越高，在此驱动下，系统功能日益复杂，软件的功能不断增加，必然会导致代码量的增加。研究显示，软件漏洞的增加与软件的复杂性、代码行数的增长呈现正相关的关系，即代码行数越多，缺陷也就越多。

根据微软官方数据，目前应用最广泛的 Windows 操作系统源代码行数增长情况如图 6-1所示。可以看到，Windows Vista 包含了 5000 万行代码。

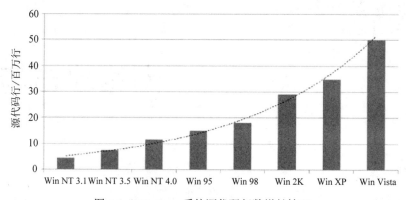

图 6-1　Windows 系统源代码行数增长情况

如此大规模的系统，其复杂性使得缺陷不可避免。另外，其他显著影响软件复杂性的因素包括代码集成的紧密程度、补丁与其他部署后所做的修改之间的重叠率，以及严重的体系结构问题。

安全漏洞不仅仅是编码问题导致的，数据显示，有超过 50%的问题实际上属于软件设计方面的问题。开发安全的软件就像建设一栋安全的房屋，正确的编码如同坚固的砖块，能确保房子的坚固。虽然使用的砖块很重要，但如果在房子的设计中没有考虑到更多的安全要求，如没有为门窗加上防护，小偷便很容易进入房中，那么再坚固的砖块也无法确保房屋的安全。软件也是一样，使用了哪些系统调用、哪些库文件以及如何使用的都是非常重要的。软件的安全也遵循信息安全的木桶原理，需要关注软件开发的各方面问题。

互联网的发展拓展了软件的功能和范围，为软件应用带来了极大的发展，同时，也为攻击者提供了更多的机会。

可以说，软件安全问题的根本原因在于两个方面：一是内因，即软件本身存在安全漏洞；二是外因，即软件应用存在外部威胁。

2. 漏洞产生的经济原因

在目前的软件开发管理中，更多的是重视软件功能而不关注对安全风险的管理。如果用户没有提出明确、细致的软件安全要求，软件公司就将实现软件功能作为首要目标，因此更多的是考虑尽快实现软件的各项功能，加快进度以抢占市场份额。例如，如果两家软件公司竞争一个软件项目，A 公司不关注软件安全问题，可能开发周期为两个月，报价 40 万元，而 B 公司关注软件安全问题，由于增加了安全开发相关的流程，使得软件成本增长到 60 万元，开发周期为 3 个月，那么在实际的竞争中，由于用户没有对安全性提出要求，成本低、开发周期短的 A 公司就会中标该项目。在市场竞争中，注重软件安全开发的企业，由于增加了软件安全开发方面的投入，使得软件的研发周期延长，研发成本提高，因此在此市场竞争中会败给不考虑软件安全开发的企业，这就是软件安全开发中的"劣币驱逐良币"效应。由于"劣币驱逐良币"效应的存在，更多的软件厂商对软件安全开发缺乏动力，企业管理层和软件开发人员都缺乏相应的知识，不知道如何才能更好地实现安全的软件。企业管理层缺乏对软件安全开发的管理流程、方法和技巧，缺少正确的安全经验积累和培训教材，软件开发人员则大多数仅仅从学校学会编程技巧，不了解如何将软件安全需求、安全特性和编程方法进行结合，更无法以攻击者的角度来思考软件安全问题。

3. 漏洞产生的应用环境原因

以互联网为代表的网络逐渐融入人类社会的方方面面，伴随着互联网技术与信息技术的不断融合与发展，软件系统的运行环境发生了改变，从传统的封闭、静态和可控变为开放、动态和难控。因此，在网络空间下，复杂的网络环境导致软件系统的攻防信息不对称性进一步增强，攻易守难的矛盾进一步凸显。与非网络或简单网络环境下的漏洞相比，复杂的网络环境会产生更多的各种各样的漏洞，而且漏洞的危害和影响也更加严重。

漏洞的发现从最初的偶然触发，发展为主动挖掘，从最初的好奇与技术炫耀逐渐向有强大经济利益推动的产业化方向发展。黑客技术的不断积累和发展，使得从一个漏洞被发现到攻击代码实现，再到有效利用攻击代码的蠕虫产生，从几年前的几个月缩短到现在的几周甚至几小时。随着攻击技术的发展，留给信息系统进行补丁安装部署的时间越来越短。

6.1.2 网络攻击

攻击者对系统或网络进行攻击通常包括信息收集与分析、实施攻击、设置后门及清除痕迹四个阶段。只有了解攻击者在各个阶段的常用方法、技术和工具，才能有效阻止攻击。

1. 信息收集与分析

1）信息收集与分析的作用

信息收集是攻击者开始攻击的第一步。攻击者通过收集目标系统或网络的信息，了解目标系统或网络的基本状况，为下一阶段的攻击提供有价值的信息。例如，通过信息收集，攻击者可获得目标的多个攻击点，攻击点越多，意味着攻击成功的概率就越高。信息收集的对象包括：

（1）目标系统的 IT 相关资料，如域名、网络拓扑结构、操作系统的类型和版本、应用软件及相关脆弱性等。

（2）目标系统的组织相关资料，如组织架构及关联组织、地理位置细节、电话号码、邮件等联系方式、近期重大事件、员工简历等。

（3）其他令攻击者感兴趣的任何信息，如企业内部的部门或重要人员的独特称呼、目标组织机构的供应商变更等。

在特定情况下，如果收集到的信息足够充分，甚至可以直接利用收集到的信息进行攻击。常见的就是通过搜索引擎搜集信息后实施对目标的攻击，这种攻击有一个通俗的名称——google hacking。搜索引擎通过语法构造出特殊的关键字，能够快速全面地让攻击者挖掘到有价值的信息，如一些网站的后门入口、用户信息、源代码、未授权访问甚至数据库文件（.mdb），这些信息可能用于直接入侵网站。例如，在百度中搜索"intext:后台登录"，就能找到大量网站的登录后台，如图6-2所示。

图6-2　搜索引擎信息收集案例

2）信息收集与分析的方法

公开渠道是攻击者最容易获取信息的途径。由于缺乏足够的安全意识，很多信息系统对公开信息没有审核或审核宽松，使得攻击者可以通过公开渠道获得目标系统大量的有价值信息。公开信息收集方式包括搜索引擎、媒体广告等。其中，搜索引擎是使用最广泛的公开渠道信息收集方式，攻击者可以利用搜索引擎进行攻击定位和信息定点挖掘，获取并分析目标系统的安全漏洞、配置文件等资料，为攻击的实施创造有利条件。常见的信息收集与分析方法如下。

（1）快速定位。

使用搜索引擎能实现对攻击目标的快速定位，攻击者可以查找与目标系统或网络相关的资料和文档，从中发现有用的信息。例如，大量网站广泛使用的某免费开源论坛系统中的脚本文件XXX.jsp被发现存在安全漏洞，攻击者通过搜索该脚本文件，就能找到使用了此脚本的Web网站，接下来便可以有针对性地实施攻击。

（2）定点挖掘。

攻击者可以通过搜索引擎实现对特定目标的信息采集，包括特定目标不对外公开的信息。例如，攻击者在搜索引擎中搜索".doc+XXX.com"可以找到XXX.com网站上所有的Word文档，甚至可以通过搜索".mdb+域名"".ini+域名"找到该域名下的.mdb库文件、.ini配置文件等非公开信息。

（3）漏洞查询。

如何利用搜集到的信息实施攻击是攻击者最关心的问题,而漏洞库及安全论坛是攻击者获得攻击方法及攻击工具的有效途径。获取系统的信息后，攻击者通过漏洞库或安全论坛查询，得到相关版本软件的安全漏洞，并对其实施攻击。

（4）利用网络服务。

whois 是一个标准网络服务，用于提供域名相关信息的查询。攻击者通过向 whois 服务提交查询请求，获得目标域名的相关信息，包括联系人、联系电话、域名解析服务器等，这些信息有助于攻击者实施域名攻击。

攻击者还可以使用 ping、tracert 等系统命令或其他工具获得目标网络的信息。如图 6-3 所示，攻击者能利用 tracert 命令收集到目标经过路由设备的 IP 地址，选择其中安全防护相对薄弱的路由设备实施攻击，或者控制路由设备，对目标网络实施嗅探等其他攻击。

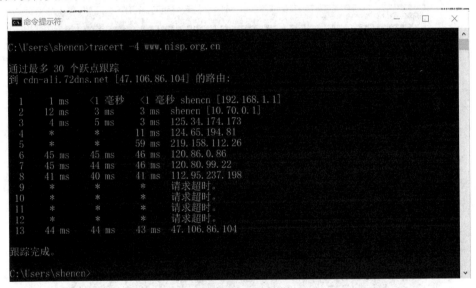

图 6-3 tracert 路由跟踪示意

（5）服务旗标识别。

应用服务（如 IIS、FTP 等）在用户登录时，会在欢迎信息中包含应用的基本信息。例如，登录 FTP 时，某些服务器给出的回显信息是 "220 Serv_U FTP Server v6.0 For winsock ready…"，其中包括 FTP 服务软件的名称及版本号等信息，这些基本信息对攻击者识别软件非常有价值。以识别 Web 服务反馈信息为例，可以看到，在 Web 服务器的反馈信息中，包含 Web 服务的软件名称、版本号等敏感信息，如图 6-4 所示。攻击者获得这些信息后，就可以利用该版本服务软件的漏洞进行攻击。

（6）TCP/IP 协议栈检测。

不同操作系统的 IP 协议栈实现之间存在细微的差别，通过这些差别，可以区分出目标操作系统的类型及版本，这种方法也称为 TCP/IP 协议栈指纹识别法。例如，对远端计算机进行 ping 操作，不同操作系统回应的数据包中初始生存时间（TTL）值是不同的，如图 6-5 所示。

根据回应的数据包中的 TTL 值，可以大致判断操作系统的类型。

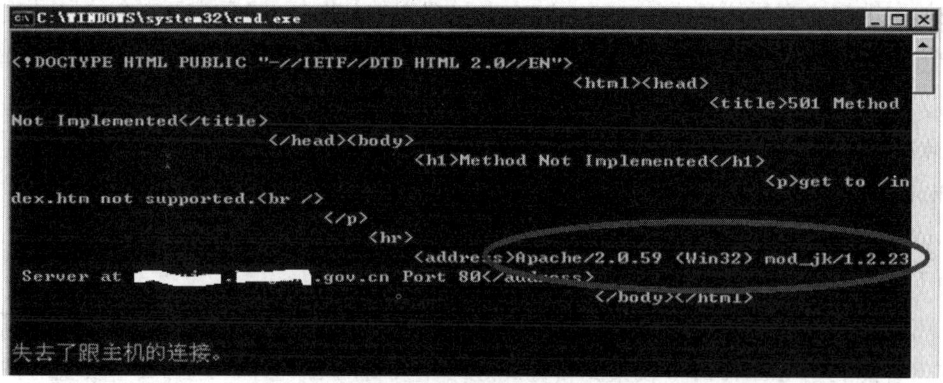

图 6-4　Web 服务信息收集

图 6-5　不同系统 TTL 值的差异

（7）扫描。

扫描常用于远程检测目标主机上开放的服务类型及版本、操作系统与设备类型等信息，攻击者可以依此计划攻击方法。常见的扫描类型分为常规扫描、半开放扫描、隐秘扫描和漏洞扫描等。

常规扫描是指通过与目标端口完成三次握手，建立完整的 TCP 连接来判断端口的开放情况。扫描软件向目标端口发送连接请求（SYN），如果目标端口开启，会回应一个（SYN+ACK）数据报文，扫描软件对目标的回应报文进行响应，完成 TCP 连接建立的三次握手过程。

由于常规扫描需要与目标端口建立完整连接，因此会形成连接记录，为避免扫描行为被记录，扫描软件采用不完成三次握手过程的方式进行扫描，即半开放扫描。在向目标端口发送连接请求后，如果收到目标回应的（SYN+ACK）数据报文，则认为目标端口开放，否则认为目标端口不开放。半开放扫描由于没有完成三次握手的过程，并没有建立完整的 TCP 会话，因此不会形成连接记录。

隐秘扫描是指通过发送三次握手过程中的第二次握手信号，伪装成目标发送连接请求的回应数据报文，以穿透不具备状态检测能力的防火墙的扫描方式。扫描目标在收到这样的数据报文后，如端口开启，会回应一个错误报文，扫描软件以此判断端口开启情况。

漏洞扫描是利用专业的漏洞检测软件，向目标系统的不同应用和服务发送检测数据包，通过反馈信息判断是否存在或可能存在安全漏洞。漏洞扫描是信息系统安全评估的一项重要工作，也经常被网络攻击者用来获取重要的数据信息。根据扫描目标对象，漏洞扫描软件可以分为网络设备、操作系统、Web 应用，以及数据库漏洞扫描软件等类型。

3）信息收集与分析的防范

有效对抗信息收集与分析的原则只有一个，就是"严防死守"。所有不是必须向用户提供的信息，就是需要保护的信息。

首先，应通过信息安全培训，使相关信息发布人员了解信息收集的风险，发布信息时应遵循最小化原则，所有不是必要的信息都不发布，这是防止公开渠道信息收集的有效措施。重点单位应建立信息发布审查机制，对发布的信息进行审核，避免敏感信息的泄露。

其次，尽量减少系统中对外服务的端口数量，修改服务旗标，关闭不必要的服务，以及部署防火墙、IDS 等，也能有效防止信息的收集与分析。同时，系统安全管理员可以使用漏洞扫描软件对系统进行安全审计，及时发现存在的漏洞，采用安装系统补丁或升级等方法进行修补。

2. 实施攻击

攻击者利用系统存在的安全漏洞实施攻击，以便获取系统权限，破坏系统及网络的正常运行，窃取系统敏感信息等。

1）配置缺陷

信息系统为了满足不同的应用需求，允许系统管理员通过配置进行调整和设置，如果配置不合理或者更多地考虑易用性，就可能存在安全漏洞，使得攻击者可以利用安全漏洞对系统发起攻击，从而影响系统的安全性。典型的配置缺陷包括系统管理账户使用默认的用户名和密码、设置成允许从外部向系统写入等。

2）口令破解

通过口令进行身份认证是目前计算机上实现用户权限鉴别的主要手段之一。许多网络应用及系统均采用用户名和口令认证机制控制用户的访问权限，从而保护系统的敏感数据。口令破解主要指使用非分析手段，如穷举密码、字典攻击和软件分析等方法进行口令猜测并最终获取口令。

3）社会工程学攻击

社会工程学攻击是利用人性的弱点来获取信息或实施攻击的方式。对所有的信息系统而言，人是系统中永远的弱点，因此针对人性弱点的攻击是永远有效的。常见的社会工程学攻击方式如发送钓鱼邮件,即通过向攻击目标发送有吸引力的电子邮件,吸引其点击邮件中的链接,而该链接实际上是一个挂马网页,当目标访问这个网页后,木马就可能被植入目标系统中。

4）欺骗攻击

欺骗攻击是指伪造可信身份,并向目标系统发起攻击的行为。攻击者在网络连接中伪造源于可信任地址的数据包,以通过目标系统的认证。欺骗攻击往往利用网络协议或系统中的安全缺陷来实施,例如,TCP/IP 协议连接时主要认证目的 IP 地址,而源地址是可以伪造的。常见的欺骗方式有 IP 欺骗（IP spoof）、ARP 欺骗、DNS 欺骗,以及 TCP 会话劫持（TCP Hijack）等。

5）拒绝服务攻击

拒绝服务攻击（DoS）是一种让攻击目标瘫痪的攻击手段。攻击者利用协议中的某个弱点或者系统存在的某些漏洞,甚至合理的服务请求,对目标系统发起大规模的进攻,致使攻击目标无法对合法用户提供正常的服务。有时,拒绝服务攻击还可以作为特权提升、获得非法访问的一种辅助手段。此时,拒绝服务攻击服从于其他攻击的目的。通常,攻击者不能单纯通过拒绝服务攻击获得对某些系统、信息的非法访问,但可作为间接或辅助手段。拒绝服务攻击的方式有很多种,大致可以分为三类。

第一类是利用系统、协议或服务的漏洞,对目标主机进行攻击,这种攻击往往不需要攻击者具有很高的攻击带宽,有时只需要发送一个数据包就可以达到攻击目的。对这种攻击的防范只需要修补系统中存在的缺陷即可。

第二类攻击不需要目标系统存在漏洞或缺陷,而仅靠发送超过目标系统服务资源能力的服务请求数量来达到攻击目的。这些服务资源包括网络带宽、系统文件空间、连接的进程数量等。

第三类攻击兼具前两种攻击的特点,虽然利用了协议本身的缺陷,但仍然需要攻击者发送大量的攻击请求。用户要防御这种攻击,不仅需要对系统本身进行增强,而且需要提高资源的服务能力。

常见的拒绝服务攻击包括 SYN Flood、UDP Flood 和 Teardrop 等。

6）缓冲区溢出攻击

缓冲区溢出漏洞广泛存在于各种操作系统和应用软件上,缓冲区溢出攻击与其他攻击手段相比,具有更强的破坏力和隐蔽性。缓冲区溢出攻击是通过向程序的缓冲区写入超过预定长度的数据,从而破坏程序的堆栈,导致程序执行流程改变。缓冲区溢出攻击可以使程序运行失败,造成系统宕机、重启,甚至执行非授权指令,获得系统最高权限,是一种危害极大的攻击手段。

7）代码注入攻击

Web 应用程序开发使用的 SQL、Per 和 PHP 等语言属于解释型语言,即在运行时,有一个运行组件解释语言代码并执行其中包含的指令。这类解释型语言易于产生代码注入攻击。攻击者可以提交一段预先构造的恶意代码作为输入,输入的信息被解释成程序的指令执行,向应用程序实施攻击。在代码注入攻击中最常见的就是 SQL 注入攻击,其他还有命令注入、Xpath 注入、XML 注入等。

8）跨站攻击

由于 Web 页面开发者对用户输入的数据过滤不充分，恶意用户提交的 Html 代码最终被其他浏览该网站的用户访问，间接控制了浏览者的浏览器，以窃取敏感信息，或者引导浏览者访问恶意网站等。

9）其他各类攻击

网络攻击的方式和类型多种多样，除上述一些典型攻击外，还有很多不同类型的攻击，这些攻击都是利用信息系统存在的安全漏洞（如文件上传漏洞、会话管理漏洞等）对系统进行攻击。

3. 设置后门

对攻击者而言，为了确保被入侵的系统一直在自己的掌控中，通常会在系统中设置相应的后门，部署的后门除了能让攻击者完全控制系统，为下次进入系统提供方便，还可以监视该服务器上用户的所有行为、收集用户敏感或隐私信息。

特洛伊木马是一种秘密潜伏的恶意程序，它能提供一些有用的或是仅仅令人感兴趣的功能，但是它还有用户所不知道的其他功能，如在用户不了解的情况下复制文件或窃取用户的密码。攻击者通过在目标系统上安装特洛伊木马程序，实现对目标系统的远程控制或者窃取信息。

随着 ASP、JSP 等脚本语言的广泛使用，大量的攻击者开始使用脚本编写的后门程序。脚本后门程序相比特洛伊木马程序，不需要在系统上进行安装和执行。攻击者只需要将该后门脚本放置在 Web 可以访问到的目录下，就可以通过浏览器访问到脚本，利用脚本实现相应的功能，包括上传文件、下载资源或破坏系统等。

在被入侵的服务器上设置一个账号，留下下次进入的通道也是攻击者常用的方法之一。账号后门可以是一个新建的账号，也可以对一个现有的账号进行提权。例如，攻击者将系统默认的 Guest 账号启用，设置密码并加到管理员组，当攻击者下次访问系统时，就可以利用此账号登录并获得系统管理员权限。

在某种情况下，设置后门本身也是一种攻击的方式。例如，攻击者向管理员邮箱发送一封携带木马程序的电子邮件，使用诱惑性较强的标题吸引管理员打开或利用系统漏洞执行邮件中的木马程序，从而获得系统的控制权。

4. 清除痕迹

攻击者进行系统入侵的最后一步是清除攻击痕迹，包括攻击过程中生成的各类系统日志、应用日志、临时文件和临时账户等。这些痕迹对于分析攻击者的入侵方式、入侵渠道非常重要，同时也是电子取证中的重点。

日志是攻击者获得系统权限后首先要清除的痕迹，通常的清除方式是删除日志。由于删除日志会导致日志的缺少，在审计时会被发现，因此部分高明的攻击者可能会伪造日志，以避免被审计发现。例如，篡改日志文件中的审计信息；改变系统时间，造成日志文件数据紊乱；删除或停止审计服务进程；修改完整性检测标签等。

一般来说，攻击者需要清除操作系统、安全防护设备（如防火墙、入侵检测系统等），以及重要系统服务（如 www 服务等）中记录的日志文件。以 UNIX 操作系统为例，它包含 wtmp/wtmpx、utmp/utmpx 和 lastlog 三个主要日志文件，攻击者何时进行攻击、从哪个站点进入、在线时长等信息都会记录在上述日志文件中。这些日志文件在不同的 UNIX 操作系统中存放在不同的默认目录下，通常只有 root 权限用户才有权修改。攻击者往往先定位攻击活动的相关记录，再进行修改或删除，也可以利用特定工具来完成。

防火墙、入侵检测系统等安全防护设备都具有审计功能，攻击者可采用欺骗、干扰等手段影响日志审计系统的正常工作，以使其无法记录攻击行为。例如，攻击者可以利用防火墙中的漏洞，暂停其审计功能的运行，或者对入侵检测系统进行 DoS 攻击，使其处于报警状态，无法判断真正的攻击行为。

对于临时文件，通常也是采取删除的做法。删除的临时文件在系统上标识其硬盘空间已经被释放，可以用于存储其他数据，但在其他数据未覆盖前，这部分数据始终存储在硬盘上，可被数据恢复软件恢复。部分攻击者会采取向硬盘上反复写入擦除数据来确保临时文件无法被恢复。

为了有效应对攻击者进行痕迹清除，首先，要确保攻击者的攻击过程被记录在日志中，通常采取的方法是对日志进行设置，使其记录尽可能多的信息、保留时间更长、存储空间更大等。其次，要确保日志记录的信息不会被删除和篡改，采取的方法是严格控制日志的权限，如为日志设置独立的存储区域、严格的权限（仅对管理员可读可写）等。另外，可在网络中设置日志服务器，将日志通过网络保存在另外的服务器上，从而确保日志的安全。例如，在网络中部署 syslog 日志服务器，所有支持 syslog 的安全设备、应用系统等都可将日志存储在 syslog 服务器上。

6.2 口令破解

6.2.1 口令安全问题

用户名和密码是常用的身份鉴别机制，比如手机、计算机开机时，微信、支付宝支付时需要输入一串数字或字符串，这些数字和字母符号是个人能否登录系统、是否能完成支付的依据。虽然常用"密码"来称呼这些用于验证的字符串，但是在信息安全中，其对应的英文单词为 cryptography，是指一种对信息进行变换以保护信息安全的技术。在身份鉴别中用于登录验证的字符串对应的英文单词为 password，通常称为"口令"。用户名（账户）和口令（密码）作为一种低成本的身份鉴别技术，得到了广泛的应用，从服务器、个人计算机、手机等移动终端到各种应用软件，都支持并且默认使用这种方式来鉴别用户身份，这就意味着掌握了口令就掌握了相应的访问权限，因此，针对口令的攻击也成了最常见的攻击方式，所以口令的安全问题必须得到足够的重视。

通常情况下，口令的安全问题主要包括弱口令、默认口令及口令管理机制缺陷等。

1. 弱口令

弱口令是目前应用中最常见的口令安全问题。由于用户名和口令组合应用广泛，日常生活中，用户需要使用、管理大量的用户名和口令，这就给用户带来了较大的负担。为了减少负担，用户会使用一些较方便记忆的、简单的组合作为口令，从而导致了弱口令问题。

弱口令通常是指包含简单数字、字母，并且长度不足的字符串组合，常见的弱口令包括：简单的数字，如 123456、666666、123123 等；键盘上按键连续的字母，如 qazwsx、qwerty 等；常见的英文单词或短语，如 password、iloveyou 等。

弱口令虽然容易记忆，但安全性却接近于零。每年都有网络安全公司统计并生成"最糟糕口令"排行榜，排行榜上的口令就是典型的弱口令。表 6-1 所示为某网络安全公司公布的最近五年的弱口令排行。

表 6-1　近五年"最糟糕密码榜单"前 20 名

排　　名	年　　份				
	2020	2019	2018	2017	2016
1	123456	12345	123456	123456	123456
2	123456789	123456	password	password	123456789
3	Picture1	123456789	123456789	12345678	qwerty
4	Password	test1	12345678	qwerty	12345678
5	12345678	password	12345	12345	111111
6	111111	12345678	111111	123456789	1234567890
7	123123	zinch	1234567	letmein	1234567
8	12345	g_czechout	Sunshine	1234567	password
9	1234567890	asdf	qwerty	Football	123123
10	Senha	qwerty	iloveyou	iloveyou	987654321
11	1234567	1234567890	Princess	admin	qwertyuiop
12	qwerty	1234567	admin	Welcome	mynoob
13	abc123	Aa123456.	Welcome	Monkey	123321
14	Million2	iloveyou	666666	Login	666666
15	oooooo	1234	abc123	abc123	18atcskd2w
16	1234	abc123	Football	starwars	7777777
17	iloveyou	111111	123123	123123	1q2w3e4r
18	aaron431	123123	Monkey	dragon	654321
19	Password1	dubsmash	654321	passw0rd	555555
20	Qqww1122	test	!@#$%^&*	master	3rjs1la7qe

除了由较为简单的数字或字母组合而成的弱口令，一些使用与用户相关的信息作为口令的情况也属于弱口令范围，如使用手机号、名字拼音、生日或纪念日等组合成的口令都属于弱口令，因为攻击者可以收集到用户的相应信息，从而很容易猜出用户的口令。

2. 默认口令

默认口令也是一种常见的口令安全问题，通常被认为是弱口令的一种类型。很多应用或系统在出厂时会为管理账号设置一个默认的口令，由于缺乏安全意识或管理人员的懒惰，没有对默认口令进行更改，直接使用系统的默认口令，这使得攻击者很容易通过默认口令控制系统。表 6-2 所示是一些常见的家用无线路由器的默认用户名和口令。

表 6-2   常用无线路由器的默认用户名和密码

路由器品牌	默认 IP 地址	默认用户名	默 认 口 令
TP-LINK	192.168.1.1	admin	admin
Tenda	192.168.0.1	admin	admin
HUAWEI	192.168.3.1	admin	admin
netcore	192.168.1.1	guest	guest
D-Link	192.168.0.1	admin	admin
小米	192.168.31.1	admin	无

除了各种网络设备和系统，很多应用系统需要生成大量用户的账户信息，在这种情况下，这些应用系统会为每个用户账户设置默认的口令，例如，高考填报志愿系统中，考生填报志愿的账户初始登录密码是考生本人身份证号码的后六位，考生在首次登录后需要进行修改，否则容易被他人操作，造成严重后果。

3. 口令管理机制缺陷

目前互联网上广泛使用的 TCP/IP 协议，如 HTTP、FTP、Telnet 等，由于设计时间较早，对网络安全尚未形成概念，因此机制上没有考虑安全性的问题，在网络中传输的数据都是明文，其中包括口令等认证信息，这使得这些口令可能面临嗅探攻击：攻击者通过在传输路径上设置嗅探器，抓取传输数据，获取其中的口令。除了传输可能存在风险，一些缺乏足够安全机制的应用软件将用户信息（用户名、口令）直接存储在数据库中，这使得接触数据库的人员可以容易地获取明文存储的口令。以上都是常见的口令管理机制缺陷。

6.2.2　口令破解攻击

口令的破解是常见的针对口令的攻击方式，下面介绍几种针对口令的攻击方式。

1. 暴力破解

暴力破解又称口令穷举，是指通过计算机对所有可能的口令组合进行穷举尝试。如果事先知道了账户号码，如邮件账号、QQ 用户账号、网上银行账号等，而用户的密码又设置得十分简单，如用简单的数字组合，使用暴力破解工具很快就可以破解出密码。因此，一些安全性较高的系统（如网银系统等）会限制口令的输入次数，对尝试失败达到一定次数的账户进行锁定等来降低暴力破解口令的成功率。用户可以采取的安全措施就是尽量将口令设置得具有复杂度，不要使用弱口令，从而降低被破解的风险。

2. 字典破解

在暴力破解攻击中，攻击者会使用一些口令字典进行尝试，这些口令字典经过筛选，剔除了一些不太常被设置为口令的字符组合，使破解中需要尝试的口令量大幅减少，从而降低口令暴力破解的成本。例如，进行数字类型口令破解时，把不能构成生日组合的数字字符串剔除，其他能组合成生日的字符串就留下来写入口令字典，这样就能更高效地进行口令的暴力破解，因为绝大部分用户使用数字作为口令时通常会采用生日数字。常见的口令字典包括但不限于以下类型：

（1）弱口令字典。常用的弱口令（如 123456、admin 等）和默认口令是构成弱口令字典的主要类型。

（2）社工字典。社工字典是口令字典的一大类型，它是利用人性密码设置中的一些特性形成一个口令字典。例如，很多用户在设置口令时，为了便于记忆，会用特定的字符串结合个人信息构成口令，从而形成"xiaoming1996""hmm19980312"这种"名字+生日"类型的口令。其他类似的口令还有：

➤ 键盘字符串的顺序组合，如 qwe123、zaq12wsx 等。

➤ 名字和电话号码组合，如 yy13911111111 等。

➤ 名字和简单字符组合，如 lj8888、xiaoai6666 等。

社工字典利用了人们设置密码的思维方式，更具针对性，准确率也比较高。

3. 木马窃取

使用木马窃取用户口令是常见的针对口令的攻击方式之一。攻击者在目标计算机中安装木马程序，当用户需要登录验证输入口令时，木马程序可以直接从缺乏安全机制的输入框中获取用户输入内容，部分木马甚至可以通过记录用户键盘操作获得用户的口令。

为了对抗记录击键信息的木马程序，一些高安全性的应用使用软件键盘，即输入密码时，软件生成一个键盘，改用鼠标单击而不是从键盘输入，这在一定程度上可以避免木马程序通过记录击键信息从而获取用户输入的口令。

针对采用软件键盘输入密码的方式，木马程序可将用户屏幕截屏，结合用户鼠标单击位置，实现对口令的破解。木马破解的口令会通过电子邮件发送到攻击者的邮箱，攻击者便获得该口令。与之对抗的技术实现方式是采用乱序键盘的软键盘，如图 6-6 所示，每次生成新的键盘时键位的排列是不同的，通过这样的方式降低木马程序获取口令的风险。

4. 网络钓鱼攻击

网络钓鱼是一种通过向受害者发送欺骗性信息，引诱受害者给出敏感信息（如用户名、口令等）的攻击方式。最典型的网络钓鱼攻击就是将受害者引诱到一个经过精心设计、与某个知名网站非常相似的网站上，这个网站在受害者眼中是可信任网站，因此会提交个人敏感信息，从而被攻击者获取。通常在攻击过程中，受害者甚至没有意识到被攻击，还以为自己在一个正规网站上进行身份验证。

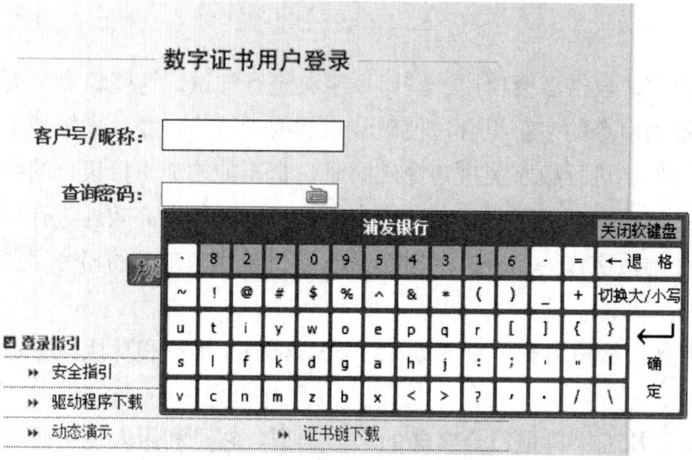

图 6-6 采用乱序键盘的软键盘

在过去几年中，伪造的淘宝网站、QQ 网站、银行网站等大量出现，伴随着互联网应用的发展，越来越多用户的合法利益受到侵害，不少用户的账户被盗用都源于攻击者通过网络钓鱼拿到了这些用户的账号和口令。

5. 网络嗅探

嗅探器是一种获取网络传输报文的工具，可以通过对传输数据的获取，监视网络状态和分析网络运行情况等。攻击者通过在数据传输路径上设置嗅探器，利用 TCP/IP 协议安全机制不足、对传输数据缺乏保护的缺陷，获取传输中的敏感信息（包括用户名和口令）。目前，各类应用软件已经应用密码技术对传输的数据进行了防护，很少直接以明文传输数据，但若使用的技术安全性不高，嗅探器结合彩虹表仍然能对传输数据中的口令进行获取。

6. 彩虹表破解

彩虹表主要用于破解口令本地存储的散列值（或称哈希值、微缩图、摘要、指纹、哈希密文）。散列值是用户口令经过单向函数计算后形成的一串字符串。为了避免以明文存储用户的口令，越来越多的系统将用户口令经过单向函数处理后再进行存储，从而降低数据库信息泄露导致的用户口令泄露的风险。早期的彩虹表可以认为是一个"口令明文 ↔ 散列值"的对应数据库，攻击者在获得散列值后就能直接查询出对应的口令明文。这种对应关系下，存储所有的明文密码需要较大的空间，因此彩虹表的体积非常庞大，而随着口令位数的增加，需要的空间甚至可能庞大到攻击者难以承受的程度。因此目前的彩虹表采取了以计算时间降低存储空间的办法，在存储空间和破解时间之间达到平衡。

7. 利用社会工程学原理获取

口令字典和网络钓鱼攻击都或多或少地使用了社会工程学的原理，还有一些利用用户管理不善来获取口令的方式也是社会工程学攻击。例如，用户有不良的口令使用习惯，将口令写在便签纸上贴在工位旁边，或将口令记录在本子上，随手将写了口令的纸条丢入垃圾桶中等，这些都会被攻击者利用，以获取口令。另外，还有著名的撞库攻击，即多个不同的应用使用相同的用户名和口令，攻击者获得了某个应用的用户名和口令后，到其他的应用中去尝试等。

6.2.3 口令破解防御

口令破解作为最常见的网络攻击方式，一直以来都是攻防的焦点领域，围绕着口令破解攻击，也诞生了多种针对性的防御技术。常见的防御措施包括系统提供安全策略，对用户登录行为进行控制，避免多次尝试的暴力破解攻击；使用对抗机器识别的验证技术，对用户输入进行保护等。

1. 系统提供安全策略

系统提供安全策略，对用户的登录进行保护是针对口令暴力破解的有效方法。通过设置系统安全策略，对用户的错误登录次数进行限制，当账户身份验证错误次数达到策略限制的次数时，对账户验证功能进行一段时间的锁定，如图 6-7 所示。正常用户连续多次输入错误密码的可能性不高，因此这种限制登录验证次数的方式对正常用户影响不大，但是对使用暴力破解工具尝试对系统进行口令破解的攻击者来说，会极大地增加时间成本，甚至导致无法进行正常破解。

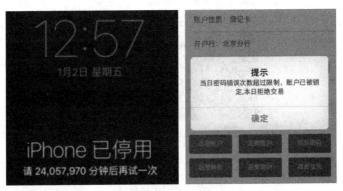

图 6-7　因输错密码次数过多被锁定停用的手机和银行卡

2. 额外安全验证信息

额外安全验证信息也是针对口令破解的有效方式。用户在进行身份验证时，不仅需要提供用户名和口令，还需要给出额外的正确验证信息，不仅能有效地防止攻击者的暴力破解，由于增加了额外的验证信息，也可以在一定程度上限制掌握了正确用户名和口令的猜测攻击，如撞库攻击。额外安全验证信息常见的方式包括随机验证码、滑动填图验证、问题验证码、手机验证码等。

1）随机验证码

随机验证码是最早诞生的针对口令破解攻击的防御技术。在用户登录时，除了需要提交用户名和口令，还需要提交系统给出的一个验证码，如果验证码错误，即使提交的用户名和口令组合正确，也无法通过验证，这导致很多暴力破解软件破解失败。当破解软件开始引入验证码识别和提交功能后，随机验证码防御技术也进行了相应升级，如为验证码图片中的随机验证码引入各类干扰信息以避免被机器识别，这些干扰信息包括对验证码进行扭曲变形、加入干扰图形，甚至采用动态验证图片等，如图 6-8 所示。

图 6-8　网站中的图片验证码

2）滑动填图验证

滑动填图验证是目前安全验证信息中常用的一种方式，是指在图片中预留一块图形，用户需要通过移动滑块将图像补充完整，如图 6-9 所示。这种验证方式根据鼠标操作、滑动轨迹、计算拖动速度等方式来判断是否是人为操作。这种额外的验证方式相对简单，用户体验好，并且也能较好地识别是否为软件行为，因此得到较广泛的应用。

图 6-9　滑动填图验证

3）问题验证码

引入问题进行验证也是额外安全验证信息中常采用的方式。给出问题，要求用户根据问题得出答案作为验证信息。例如，系统给出一道数学问题 "十六+3=？"，用户能容易地获得正确的验证信息。类似的还有如"中国的全称是什么？"这样直接简单的问题等，这些方式比从图片中识别变形的验证码更容易，用户体验也更好。而类似全国铁路售票网站 12306 使用的选择正确图像来实现验证的方式（见图 6-10），由于结合了图像识别并引入智力进行验证，对于区分正常用户与机器识别则更为有效。

请点击下图中所有的
刷新
立即登录
请点击下图中所有的
刷新
立即登录

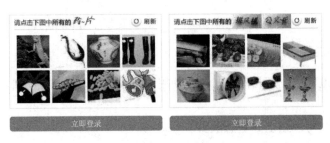

图 6-10　问题验证码

4）手机验证码

手机验证码方式是应用将一个验证码发送到账户预留的手机号上，只有给出了正确的验证码才能登录系统。手机验证码是目前许多大型网站都在采用的额外验证方式，因为手机在我国基本实现全员普及，并且手机号都实现了实名认证，可以准确并且安全地对登录账户进行验证，确保是用户实施的登录操作。手机验证码与其他验证方式不同，是基于用户是否拥有手机来判断是否为人为操作，由于手机号码实现了实名认证，因此还有确认用户身份的功能，如图 6-11 所示。

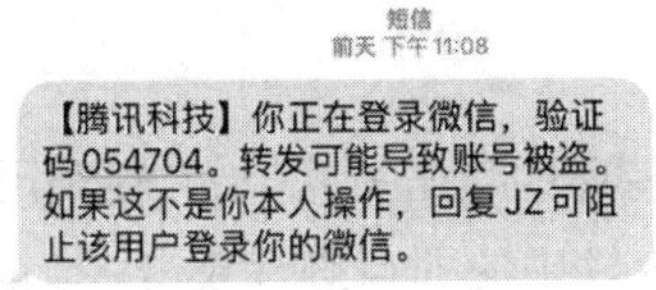

短信
前天 下午 11:08
【腾讯科技】你正在登录微信，验证码054704。转发可能导致账号被盗。如果这不是你本人操作，回复JZ可阻止该用户登录你的微信。

图 6-11　手机短信验证码

6.2.4　口令安全使用及管理

为了有效地对抗口令的破解攻击，除了系统提供的安全防护技术，用户也应了解并养成良好的口令使用和管理习惯。

1. 设置安全的口令

设置一个安全的口令是应对口令破解的有效措施。安全的口令应该具备足够的长度和复杂度，如包含数字、大写字母、小写字母和非字母符号的组合。安全的口令应具有以下两个特点：自己容易记、别人不好猜。自己容易记是指口令应有一定的规律，并且规律方便记忆；别人不好猜是指这个规律是攻击者无法猜出或者难以想象到的，这样的口令才符合安全口令的要求，不符合任何一点都不属于安全口令。很多用户设置口令时，通常为了方便，选择自己容易记的口令，从而导致弱口令问题。而如果仅符合第二点，使用特别复杂且无规律的长字符串作为口令，则难以记忆，用户需要把口令记录在某种介质上，因此带来泄露的风险。以下是一个设置安全口令的范例：记住一句话，使用这句话来作为口令设置的基础，只要记住这句话，那么就记住了口令，而攻击者并不知道这句话，因此难以破解口令。例如，“我的生日是 10 月 8 日！”，将这句话每个字的第一个字母提取出来，并且单数位的字母改成大写，数字不变，那么这句话就能构成口令“WdSrS10y8r!”，这样的口令既容易记，又具有复杂性，对攻击者来说也难以猜测。

2. 养成良好的口令使用习惯

在网络使用的过程中，养成良好的口令使用和管理习惯，能有效防御口令破解，这些使用习惯包括：

- 不要将口令写在纸上并随意放置。
- 不要将口令存放在未经防护的文件中。
- 口令分级分类，重要的账户口令不要与普通的账户口令相同。
- 输入口令时关注周边环境的安全。
- 定期更改口令。

6.3　社会工程学攻击

6.3.1　社会工程学攻击的概念

社会工程学攻击是一种非常特殊的攻击方式，与其他利用系统漏洞等的网络攻击和入侵不同，社会工程学攻击充分利用了人性中的弱点进行攻击。在前面的章节中，介绍了各种信息安全技术防护措施，包括技术和管理等，虽然这些技术和管理体系也会存在安全漏洞，但是在网络攻击者眼中，还有一个可利用的薄弱环节——人性。人是信息安全最薄弱的一个环节，攻击者往往无法通过技术手段攻破周全的技术防护体系，但却可能根据员工在电子邮件或者即时通信工具中无意泄露的信息猜测到用户名和口令，从而对组织的信息安全造成严重损害。

因为人是社会性动物，任何一个人的想法或行为都会或多或少受到其他人的影响，而在网络攻防中，攻击者可能会利用人的本能反应、好奇心、信任和贪婪等心理特性，通过伪装、欺骗、恐吓、威逼等方式达到目的。无论信息系统部署了多少安全产品，采取了多少有效的安全技术，如果系统的管理者或者使用者被利用，这些防护措施和技术都将成为摆设。人的因素才是系统的软肋，可以毫不夸张地说，人是信息系统安全防护体系中最不稳定、最脆弱的环节。社会工程学攻击是一种复杂的攻击，不能等同于一般的欺骗方法，很多自认为非常警惕及小心的人，如果缺乏对社会工程学攻击的了解，没有掌握针对社会工程学攻击的防御方式，也会被高明的社会工程学攻击所攻破。

在网络安全领域中，社会工程学攻击很早就被应用在各种网络攻击方式中（如在进行口令破解时，针对用户的习惯设置口令字典，能极大地提高破解的效率），而随着网络攻击技术的不断发展，社会工程学攻击逐渐成为一种主要的攻击方式，利用社会工程学的攻击方式突破系统安全防护体系的事件在最近数年呈现上升甚至泛滥的趋势。基于系统、体系、协议等技术体系缺陷的攻击方式，随着时间流逝最终都会失效，因为系统的漏洞可以弥补，体系的缺陷可能随着技术的发展完善或替代而消失。社会工程学攻击利用的是人性的弱点，而人性的弱点是永恒存在的，这使得它成了可以说是永远有效的攻击方式。凯文·米特尼克在他所著的关于社会工程学的书籍《欺骗的艺术》中这样形容社会工程师："一个无所顾忌的魔术师，用他的左手吸引你的注意，右手窃取你的秘密。他通常十分友善，很会说话，并会让人感到遇上他是件荣幸的事情。"作为一个信息系统的使用人员，应该了解社会工程学攻击的概念，从而提高安全意识，降低受到社会工程学攻击的可能性，减少受到社会工程学攻击的损失。

6.3.2　社会工程学利用的人性"弱点"

社会工程学攻击本质上是一种心理操纵，攻击者通过种种方式来引导受攻击者的思维向攻击者期望的方向发展。罗伯特·B·西奥迪尼在《科学美国人》（2001 年 2 月）杂志中总结了对心理操纵的研究，介绍了六种"人类天性基本倾向"，这些基本倾向都是社会工程师在攻击中所依赖的（有意识或者无意识的）。

1. 权威

基于对权威的信任，当一个请求或命令来自一个"权威"人士时，这个请求或命令就可能被毫不怀疑地执行。在电信诈骗中，攻击者伪装成"公安部门"人员，要求受害者转账到所谓的"安全账户"，就是利用了受害者对权威的信任。在网络攻击中，攻击者可能伪装成监管部门、信息系统管理人员等，要求受害者执行操作，例如，伪装成系统管理员，要求用户配合进行一次系统测试，更改口令等。

2. 爱好

当两个人彼此发现存在共同点时，相互之间的好感、信任度就会提升，这时一方对另一方提出的请求往往倾向于顺从。这些共同点包括共同的兴趣爱好、共同的生活经历（一座城市、一个地区、一所学校）、共同的信仰等。攻击者通过信息收集渠道获得了受害者的资料，了解其兴趣和爱好，然后声称具有相同的兴趣和爱好，双方交流非常融洽，使得受害者放松警惕，从而满足攻击者的要求。例如，攻击者在了解了目标喜欢玩某款游戏后，声称自己也是这款游戏的爱好者，如果双方交流愉快，攻击者发给目标一个伪装的游戏视频或资源（实际上是一个携带木马的视频或网页），目标打开该伪装的资源的可能性就非常大。

3. 报答

当人们被赠予（或者许诺）获得一些有价值的东西后，出于报答的目的，会倾向于满足提供者要求的一些回报。因为绝大部分人是善良的，对于获得好处都有或多或少的负疚感，因此倾向于给予报答以平衡心态，因此攻击者让受害者顺从的有效方法就是先给予受害者一定的好处（通常是虚假的或难以兑现的），以形成受害者的负疚感。例如，电信诈骗中声称受害者中奖，然后要求受害者支付一定的税金等费用就是利用这样的心理。

4. 守信

出于对自身信用的保护等原因,人们对自己公开承诺或者认可的事情,会倾向坚持或维护,因此当攻击者以此来提出一些要求时,受害者出于避免违反自己的承诺或者因众所周知的事情,会倾向于顺从。例如,攻击者打电话给系统管理员,在咨询一些系统使用问题后,声称自己忘记了系统密码,要求系统管理员按自己要求的密码类型帮忙进行重置,系统管理员出于更好地服务用户的工作职责,可能会按照攻击者的要求重置用户密码,从而造成在用户不知情的情况下密码被修改,达到攻击者的目的。

5. 社会认可

人有趋众的特性,当绝大部分人都是按某种方式来做时,人们就会认为这些行为是正确的。攻击者引导受害者认为所做的事是公认的,受害者就倾向于顺应攻击者的要求。例如,攻击者在要求用户提供敏感信息前,说这是一次安全调查,之前某某部门、某某用户等都已经参与过这样的调查,引导受害者相信提供敏感数据是正确的,从而达到获得信息的目的。

6. 短缺

人性中对获取稀缺物品的渴望也是社会工程学攻击经常利用的天性。当攻击者声称提供的资源有限,仅有少部分用户能获取,如果想获取这样的资源,必须执行某种操作时,受害者倾向于顺从以获取稀缺的资源。例如,攻击者发送邮件给目标,声称前 500 名在网站上进行某银行信用卡绑定和验证的用户,可以以极低的价格购买最新的某品牌手机,从而诱骗用户注册并提供信用卡信息。

6.3.3 社会工程学攻击方式及案例

随着网络安全防护技术及安全防护产品应用越来越成熟,很多常规的入侵手段越来越难实现目标。在这种情况下,更多的攻击者将攻击手法转向社会工程学攻击,同时利用社会工程学的攻击手段也日趋成熟,技术含量也越来越高。攻击者在实施社会工程学攻击之前必须掌握一定的心理学、人际关系学、行为学等知识和技能,以便搜集和掌握实施社会工程学攻击所需要的资料和信息等。以下为社会工程学攻击中常见的方式及相关案例。

1. 利用社会工程学构建口令字典

对特定的环境实施渗透之前,攻击者通过观察被攻击者对电子邮件的响应速度、重视程度以及搜集与被攻击者相关的资料,如个人姓名、生日、电话号码、电子邮箱地址等,分析判断被攻击者的账号口令等大致内容,从而获取敏感信息。例如,在口令暴力破解中,基于社会工程学构建口令字典成为一种常用的攻击技巧。口令的暴力破解是历史悠久并且非常常见的攻击手法,在进行口令破解时,构建口令字典是必不可少的环节,而口令字典中包含的口令有效性直接决定了破解的成功率和效率。攻击者通过分析各类用户构建口令的习惯,结合被攻击者的个人信息的有关数据,生成相应的字典文件,用于实施针对性的口令破解攻击。

2. 伪装欺骗被攻击者

伪装欺骗被攻击者也是社会工程学攻击的主要手段之一。之前介绍的电子邮件伪造攻击、网络钓鱼攻击等攻击手法均可以实现伪装欺骗被攻击者,诱惑被攻击者进入指定页面下载并运行恶意程序,或者要求被攻击者输入敏感账号、密码等信息进行"验证"等。攻击者利用被攻击者疏于防范的心理引诱被攻击者,进而实现伪装欺骗的目的。据网络上的调查结果显示,在所有的网络伪装欺骗的用户中,有高达 5% 的人会对攻击者设好的骗局做出响应。

在社会工程学攻击中,攻击者通过搜集到的相关信息,伪装欺骗被攻击者,达到自己的非法目的。一个典型案例是著名的徐玉玉电信诈骗案。2016 年高考,徐玉玉以 568 分的成绩被南京邮电大学录取。8 月 19 日下午,她接到了一通陌生电话,对方声称有一笔 2600 元的助学金要发放给她。在这通陌生电话之前,徐玉玉曾接到过教育部门发放助学金的通知,所以当时她并没有怀疑这通电话的真伪。按照对方要求,徐玉玉将准备的 9900 元学费汇入了骗子提供的账号。发现被骗后,徐玉玉万分难过,当晚就和家人去派出所报案。在回家的路上,徐玉玉突然晕厥,不省人事,虽经医院全力抢救,但仍没能挽回她 18 岁的生命。

这些欺诈能成功的关键是攻击者掌握了一些敏感信息,例如,上述徐玉玉案中,攻击者获得了徐玉玉的录取及助学金的信息,而这些信息是普通人不知道的,这才使得徐玉玉相信电话是教育部门打过来的。目前我国数据泄露情况非常严重,各类个人信息泄露非常常见,数据量通常达到千万条甚至数亿条。为了应对严重的数据泄露问题,保护个人隐私,第十三届全国人大常委会对《中华人民共和国个人信息保护法(草案)》进行了审议,希望通过法律保护公民个人信息。

3. 引导被攻击者达成目标

攻击者通过恭维、引诱、恐吓等多种方式引导被攻击者与其达成某种一致或者提供一些便利条件。社会工程学攻击者通常精通心理学、人际关系学、行为学等知识和技能,善于利用人们的本能反应、好奇心、盲目信任、贪婪等人性弱点设置攻击陷阱,实施欺骗,并控制他人意志为己服务。在《欺骗的艺术》一书中介绍的基于社会工程学攻击的渗透测试案例很好地说明了社会工程学攻击的威胁。

某安全专家受企业委托对该企业进行安全测试,因为该企业服务器中存储的一些专利工艺和供应商名单是竞争对手挖空心思要获取的信息。该公司的 CEO 在渗透测试前的电话业务会议中自信地称,想闯入他的公司几乎是不可能的,因为他拿自己的性命来看管秘密资料。

网络安全专家搜集了该企业的一些信息,包括服务器的位置、IP 地址、电子邮件地址、电话号码、物理地址、邮件服务器、员工姓名和职衔以及其他信息。这些信息中包括这位 CEO 有家人与癌症做斗争并存活下来,也因此该 CEO 关注癌症方面的募捐和研究,并积极投入其中。安全专家通过社交平台收集到该 CEO 喜欢的餐厅、球队等信息。有了这些资料后,安全专家打电话给这位 CEO,谎称自己是 CEO 之前捐过款的一家癌症慈善机构的工作人员,告诉他慈善机构为了感谢各位募捐者,要举办抽奖活动,奖品除包括几家餐厅(包括他最喜欢的那家餐厅)的抵扣券外,还包括他最喜欢的球队比赛的门票。这样的信息使 CEO 非常动心,同意对方给他发一份关于募捐活动详细情况的 PDF 文档。"慈善机构工作人员"为了确保发过去的 PDF 文档能被正确地打开，还询问了 CEO 使用哪个版本的 Adobe 阅读器。这份文档发过去没多久，就被 CEO 打开，而该文档是经过精心定制的，利用了某个软件漏洞在计算机中安装了一个后门程序。安全专家从而成功地入侵了该 CEO 的计算机并完成一次渗透测试。

被攻击者之所以可以被引诱，主要是攻击者提供的信息具有针对性，是被攻击者所关心或者所在意的。这类攻击通常需要获得尽量多的被攻击者的相关信息，攻击者会通过搜索引擎、社交平台等途径进行搜集。搜索引擎是上网查找信息必不可少的工具。攻击者通过搜索引擎对已获取的被攻击者相关信息进行检索，并通过整理反馈的结果信息，获取更多与被攻击者相关的敏感信息，如手机号码、电子邮箱地址、照片、通信地址、家庭电话等。而在社交平台上，攻击者可通过被攻击者发布的信息，了解其爱好、习惯等，从而实施有针对性的社会工程学攻击。

6.3.4　社会工程学攻击防范

社会工程学攻击是一种非常危险的攻击手法，而且按照常规的网络安全防护方法无法实现对其的防范。因此对于个人用户来说，提高网络安全意识，养成较好的上网、工作和生活习惯才是防范社会工程学攻击的主要途径。防范社会工程学攻击，可以从以下几方面做起。

1. 学习并了解社会工程学攻击

防御社会工程学攻击，首先要对社会工程学攻击进行了解，包括了解其概念和攻击的方式。在对社会工程学攻击有所了解的基础上，才能在日常工作和生活中学会判断是否存在社会工程学攻击，以更好地保护个人数据甚至组织机构的网络安全。对社会工程学攻击的了解程度和警惕性越高，越容易识破攻击者的伪装。

很多攻击者执行社会工程学攻击时，利用的是人感性的弱点，进而施加影响，而了解社会工程学攻击，能帮助大家在与陌生人沟通时保持理性思维，减少被欺骗的概率。

2. 注重信息保护

搜集到被攻击者尽可能多的信息是实施社会工程学攻击的前提和基础，因此攻击者在实施社会工程学攻击前都会对目标进行信息收集，了解目标的相关资料和信息。这些资料和信息对普通用户来说可能是公开的或者看起来没用的，但对攻击者来说都是非常有价值的。例如，在社交平台上发布的一些信息，通常被认为是公开的信息，如结婚纪念日、孩子生日、爱人生日等，但这些信息在攻击者眼中就是构建有针对性的口令字典的依据。以下是保护信息的好习惯：

> ➢ 有些废弃物（如快递单、取款机凭条等）可能包含用户的敏感信息，应及时进行销毁再丢弃，以防止因未完全销毁而被他人捡到，造成个人信息的泄露。

> ➢ 在网络上注册信息时，如果需要提供真实信息，需要查看该网站是否提供了对个人隐私信息的保护功能，是否具有一定的安全防护措施。

> 尽量不要使用与姓名、生日等相关的信息作为口令，以防止个人资料泄露或被恶意暴力破解利用。

类似的好习惯还有很多，如果每个人都能养成这样的好习惯，那么构建网络空间安全的人民防线就能真正有效落实了。

3. 遵循信息安全管理制度

建立并完善信息安全管理体系是有效应对社会工程学攻击的方法，通过建立安全管理制度，使信息系统用户需要遵循规范来实现某些操作，从而在一定程度上降低了社会工程学的影响。例如，对于用户密码的修改，由于相应管理制度的要求，网络管理员需要对用户身份进行电话回拨确认才能执行，那么来自外部的攻击者就可能很难伪装成内部工作人员来进行社会工程学攻击，因为他还需要想办法拥有一个组织机构内部电话才能实施攻击。当收到一些请求时，要考虑是否符合相关管理制度，对于违反管理制度的要求，应该立即拒绝。

6.4　恶意代码

6.4.1　恶意代码的概念

恶意代码目前没有标准的定义，通常指没有有效作用，干扰或破坏计算机系统/网络功能的程序或代码（一组指令），是目前所有有害类代码、软件的统称。我国 1994 年 2 月 18 日发布的《中华人民共和国计算机信息系统安全保护条例》第二十八条给出了计算机病毒的定义："计算机病毒，是指编制或者在计算机程序中插入的破坏计算机功能或者毁坏数据，影响计算机使用，并能自我复制的一组计算机指令或者程序代码。"而中国互联网协会于 2006 年公布了"恶意软件"的定义，根据定义，具有下列特征之一的软件可以被认为是恶意软件：

> 强制安装：指未明确提示用户或未经用户许可，在用户计算机或其他终端上安装软件的行为。
> 难以卸载：指未提供通用的卸载方式，或在不受其他软件影响、人为破坏的情况下，卸载后仍然有活动程序的行为。
> 浏览器劫持：指未经用户许可，修改用户浏览器或其他相关设置，迫使用户访问特定网站或导致用户无法正常上网的行为。
> 广告弹出：指未明确提示用户或未经用户许可，利用安装在用户计算机或其他终端上的软件弹出广告的行为。
> 恶意收集用户信息：指未明确提示用户或未经用户许可，恶意收集用户信息的行为。
> 恶意卸载：指未明确提示用户、未经用户许可，或误导、欺骗用户卸载其他软件的行为。
> 恶意捆绑：指在软件中捆绑已被认定为恶意软件的行为。

> 其他侵害用户软件安装、使用和卸载知情权、选择权的恶意行为。

恶意代码可以是二进制代码或者文件、脚本语言、宏语言等，表现形式包括病毒、蠕虫、后门程序、木马、流氓软件、逻辑炸弹等。恶意代码通过抢占系统资源、破坏数据信息等手段，干扰系统的正常运行，是信息安全的主要威胁之一，已经成为网络犯罪的主要工具，也是国家、组织之间网络战的主要武器。

6.4.2　恶意代码的发展历程

1949 年，计算机之父冯·诺依曼在《复杂自动机组织论》中提出了恶意程序的最初概念：它是指一种能够在内存中自我复制和实施破坏性功能的计算机程序。1960 年，贝尔实验室的三位年轻程序员道格拉斯·麦耀莱、维特·维索斯基和罗伯·莫里斯为打发工作之余的无聊时间，发明了一款名为《磁芯大战》的电子游戏。游戏规则是参加游戏的双方编写各自的程序，释放到同一台计算机上，双方的程序不断自我复制并竭力去消灭对方的程序。这个游戏程序就是计算机病毒的雏形，具备自我复制和破坏性的特性。

1977 年夏天，美国作家托马斯·捷·瑞安在他的科幻小说《P-1 的春天》中描写了一种可以在计算机中互相传染的病毒，这个病毒最终控制了约 7000 台计算机，造成了一场很大的灾难，由于书中对计算机病毒的描写很细致、很逼真，因此这本书成为美国当年的畅销书。此后，各种不同类型的恶意代码就被称为计算机病毒。

真正的计算机病毒概念是在 1983 年的一次安全讨论会上提出来的。1983 年 11 月，弗雷德·科恩博士研制出一种在运行过程中可以复制自身的破坏性程序，伦·艾德勒曼将它命名为计算机病毒。

1986 年，在巴基斯坦经营着一家计算机公司，并以销售自己编制的计算机软件为生的两兄弟为了打击盗版，设计出了大脑（C-Brain）病毒，也被称为"巴基斯坦"病毒。该病毒运行在 DOS（微软早期的字符界面操作系统）操作系统下，通过感染软盘引导区进行传播，是一种引导区病毒。随后，大量的计算机病毒开始涌现，如大麻、圣诞树、黑色星期五等。我国第一个广泛流传的计算机病毒是小球病毒，小球病毒利用软盘进行传播，由于当时软盘是计算机之间交换信息的主要介质，因此该病毒很快在国内流传开来。

1988 年 11 月 2 日，美国康奈尔大学 23 岁的研究生罗伯特·莫里斯编写了一个"蠕虫"，并将蠕虫释放到互联网中。莫里斯蠕虫感染了网络中的 6000 多台计算机，占当时全部互联网主机数量的 1/10，几乎造成整个互联网的瘫痪，也开启了蠕虫病毒的时代。

1998 年出现了 CIH 病毒，该病毒利用 VxD（Virtual X Driver，虚拟设备驱动程序）屏蔽了防病毒软件的监控，发作时，将直接破坏硬盘数据或 BIOS 程序，造成计算机主板的损坏，是首个能破坏硬件的计算机病毒。

2000 年后，互联网的快速发展和广泛应用使得恶意代码产生和传播的速度越来越快，危害也越来越严重。大量缺乏足够安全机制的操作系统、应用系统接入互联网中，恶意代码依托操作系统漏洞、应用系统漏洞、网页、电子邮件进行传播。针对互联网技术的网络病毒也诞生了，蠕虫病毒成为互联网时代恶意代码的主流，它可以在短短的数小时内传播到互联网的各个角落，如著名的红色代码、SQL 蠕虫王、冲击波、震荡波等蠕虫，给用户信息带来了巨大损失。

电子商务、电子游戏等互联网应用的大量涌现，使得恶意代码不再追求大规模传播和破坏，而是以窃取数据或引导用户行为，以带来相应的经济效益为目标，形成了恶意代码黑市和地下产业链，各类以窃取用户信息为目的的木马病毒不断涌现，僵尸网络盛行。

2010 年，"震网"病毒的出现，使工业控制系统安全开始被关注。"震网"病毒在传播过程中利用了 Windows 操作系统的 5 个未公开漏洞和西门子数据采集与监控系统的 SIMATIC WinCC 漏洞，是一种直接面向工业控制系统的攻击程序，具有较强的潜伏性和破坏性。"震网"病毒导致伊朗核反应堆离心机运行失控，对伊朗核计划造成了巨大的打击。"震网"病毒被认为是针对伊朗核设施的定向网络攻击，是一种国家行为，代表着恶意代码已经成为国家网络战的重要武器。

2017 年，一个名为 WannaCry 的蠕虫病毒席卷全球，病毒制作者利用 NSA（美国国家安全局）泄露的网络战武器库中的一个 Windows 系统漏洞编写出了这个勒索病毒。被该蠕虫病毒感染后，计算机上的数据会被加密而无法打开，病毒制作者会通过修改桌面壁纸和弹窗方式（见图 6-12）要求被感染的机主在指定时间内支付一定数量的比特币用于恢复数据，超过一定时间后，加密密钥将被删除，这就意味着用户数据将永久丢失。WannaCry 病毒使得全球 150 多个国家的 200 多万家机构被感染，其中中国近 3 万家机构受到影响，造成了巨大的损失。

图 6-12 WannaCry 勒索病毒弹窗

6.4.3 恶意代码的传播方式

传播途径是恶意代码赖以生存和繁殖的基本条件，如果缺少有效的传播途径，恶意代码的危害性将大大降低。一般来说，恶意代码的传播方式包括利用文件传播、利用网络服务传播和利用漏洞传播三种。

1. 利用文件传播

文件是计算机系统中经常使用的功能，而利用文件进行传播是恶意代码进入用户系统的主要方式之一。恶意代码利用文件传播的方式包括以下几种。

1）感染文件

恶意代码将自身代码插入或者附着在正常的系统文件、软件及支持脚本的文档中，文件在目标系统上被打开时恶意代码便得以执行，从而传播到目标系统中。可被恶意代码感染的文件类型有：

➢ 可执行程序文件：后缀为.exe、.com、.pif 等的文件。

➢ 可被系统或其他程序加载到内存的文件：动态链接库文件（.dll）、系统文件（.sys）。

➢ 支持宏的文档：Word 文档（.docx）、Excel 表格（.xlsx）、幻灯片（.pptx）等。

2）软件捆绑

某些恶意代码（如 Rootkit、木马、脚本后门等）本身不具备自动传播的能力，它们通过文件捆绑或者上传等方式进入用户系统。这类恶意代码常常将自身与其他普通软件进行捆绑，用户在安装软件后，恶意代码随之进入系统。例如，一度泛滥的流氓软件，大部分将自身与某个软件集成，使得用户在安装软件时将其安装到系统中。甚至在某种情况下，恶意代码自身就是软件的一部分，如逻辑炸弹和预留的后门代码，随软件部署传播。

3）攻击者上传

一些恶意代码（如远程控制木马、后门程序、WebShell 等）是由攻击者主动上传到目标系统中的。攻击者利用系统提供的上传渠道，如某些论坛支持文件上传作为附件，将文件上传到目标系统中，或者攻击者已经获得了系统控制权，本身就具备部署恶意代码的能力，甚至可能攻击者就是软件的开发人员，通过软件更新实现后门等恶意代码的上传。

4）利用移动存储介质

随着 U 盘、移动硬盘、光盘、存储卡的广泛使用，恶意代码可利用 Windows 操作系统默认启动的自动播放功能，借助移动存储介质进行传播。当存储介质被接入系统中后，系统会检测存储介质的根目录下是否存在 autorun.inf 文件，如果存在该文件，Windows 系统就会自动运行 autorun.inf 中设置的可执行程序。autorun.inf 是一个文本格式的配置文件，可以用文本编辑软件进行编辑，当存储介质插入感染病毒的计算机时，恶意代码会在存储介质根目录下复制一个病毒文件，并生成 autorun.inf 文件，自动执行文件指向移动存储介质中的病毒文件，当这个移动存储介质接入其他计算机时，Windows 系统的自动播放功能就会自动执行病毒程序，该病毒进入系统并获得控制权。

2. 利用网络服务传播

1）网页传播

随着互联网的发展及上网人数的不断增长，网页逐渐成为恶意代码传播的主要途径。攻击者在网页上嵌入恶意代码，当用户浏览网页时，便将恶意程序、恶意插件下载到计算机中并执行。另外，攻击者也可能在网页上的某些软件中捆绑恶意代码，当用户下载并执行软件后，恶意代码便进入用户的系统。网页嵌入恶意代码的主要方式有将木马伪装为页面元素、利用脚本运行的漏洞、伪装为缺失的组件、通过脚本运行调用某些 com 组件、利用网页浏览中某些组件漏洞。

2）电子邮件传播

电子邮件也是恶意代码传播的常用途径。有些恶意代码会将自身附在邮件的附件里，利用社会工程学等技巧，通过起一个吸引人的名字，诱惑用户打开附件，或利用邮件客户端漏洞执行附件中的病毒。例如，多年前著名的 ILOVEYOU 病毒便是向邮箱发送一封电子邮件，邮件主题为 I LOVE YOU，邮件附件看起来是一幅图片，但是实际上是一个木马程序。当邮件收件人查看附件中的图片时，就执行了 ILOVEYOU 病毒，该病毒就传播到受害者的计算机中。

3）即时通信传播

即时通信软件可以说是目前使用最广泛的互联网应用，由于即时通信软件具有联系人和文件传输等功能，使得蠕虫病毒可以利用即时通信软件方便地获取传播目标和传播途径。特别是即时通信社交"熟人"的特性，使得在即时通信软件中发送的内容更容易被接受。即时通信软件已成为攻击者关注的重要目标。

除以上三种之外，其他大量的互联网服务都有可能被恶意代码利用进行传播，如 P2P 下载、FTP 等。

3. 利用漏洞传播

计算机软件（包括操作系统和各类应用软件）存在大量的安全漏洞，在传播过程中，恶意代码一般会利用这些安全漏洞，将自身复制到存在漏洞的系统上并执行，从而实现传播。

这些漏洞包括软件开发的漏洞和软件配置的漏洞。软件开发的漏洞中，可被利用进行传播的类型很多，如溢出漏洞中的缓冲区溢出、格式化字串漏洞，应用漏洞中的注入型漏洞、文件上传漏洞、字符解析漏洞等。如著名的蠕虫冲击波、震荡波等就是利用 Windows 操作系统的远程过程调用服务存在的缓冲区溢出漏洞进行传播的。典型的软件配置漏洞有弱口令、默认的用户名和口令、权限控制不足等。

6.4.4　恶意代码防护

针对恶意代码的防护措施通常包括安全管理、加强防护、安装防病毒和防火墙等软件、数据备份等，具体介绍如下。

1. 安全管理

组织机构需要针对恶意代码防护制定明确的安全管理制度,传递给组织的每个成员并确保落实。作为预防性控制的基础,安全管理能有效地减少由于人员错误导致的安全问题的数量。常见的恶意代码防护安全管理包括并不限于:

➢ 制定制度以确保定期对组织机构成员进行安全意识教育,使成员了解恶意代码传播的方式及应对方法,如不可随意打开未知用户发送的链接、不可随意下载并安装软件等。

➢ 制定策略对组织机构成员的行为进行规范,如正确使用计算机、不允许私自安装软件、不允许使用外部存储介质直接接入本地计算机、计算机上必须安装杀毒软件并且确保定期更新病毒库等。

➢ 限制用户对管理员权限的使用,限制计算机终端之间直接连接交换数据等。

2. 加强防护

计算机系统中存在的各种安全漏洞是恶意代码得以传播的主要原因之一,对信息系统实施良好的补丁管理和系统安全加固是应对恶意代码的有效措施。给系统和应用软件安装最新的安全补丁是解决系统中存在的已知漏洞的主要方法。另外,对系统和软件进行安全配置,也能减少可被恶意代码利用的漏洞。

3. 安装防病毒软件

安装防病毒软件是目前恶意代码防护最主要的技术措施。目前广泛使用的防病毒软件都使用特征码扫描的方式检测恶意代码。特征码扫描是恶意代码检测中使用的一种基本技术,广泛应用于各类恶意代码清除软件中。每种恶意代码中都包含某个特定的代码段,即特征码,在进行恶意代码扫描时,扫描引擎会将系统中的文件与特征码进行匹配,如果发现系统中的文件存在与某种恶意代码相同的特征码,就认为存在恶意代码。因此,特征码扫描过程就是病毒特征码匹配的过程。

特征码扫描技术是一种准确性高、易于管理的恶意代码检测技术,是目前广泛使用的恶意代码防护技术。由于恶意代码数量庞大,且在不断的增长中,一方面,随着特征库规模的扩大,这种技术的扫描效率越来越低;另一方面,该技术只能用于已知恶意代码的检测,不能发现新的恶意代码。因此,要想确保计算机终端上的防病毒软件具备良好的病毒检测能力,就需要不断更新病毒库的特征码,这也是所有防病毒软件需要定期更新病毒定义码的主要原因。

4. 安装防火墙及其他安全软件

信息安全越来越受到重视,很多安全相关的软件和功能被添加到计算机系统中,启用并设置好这些安全防护软件及功能,能有效提高系统抵抗恶意代码的能力。软件防火墙就是其中最主要的一个防护软件。目前主流的计算机操作系统都已经将软件防火墙内置在系统中,软件防火墙的作用是对系统的连接进行限制,实现对系统开放的端口连接进行控制。由于软件防火墙的存在,使得恶意代码无法连接到存在漏洞的软件来实现攻击和传播,有效地保护了系统的安全。而勒索病毒防护、主机安全加固等防护软件,从不同角度对系统的安全提供了防护措施,阻断对系统进行的危险操作行为。

5. 数据备份

对于信息系统来说，真正有价值的不是硬件，而是其中的数据，无论对于企业用户还是个人用户来说都是一样。而恶意代码感染系统后，很可能会对数据进行破坏，从而导致数据丢失。为减少数据丢失的损失，主要措施是对数据进行备份。

为了保障信息系统中的数据安全，企业可实施灾难备份项目，对数据进行备份，当发生灾难性事件（如勒索软件将所有数据都加密等）后，可利用备份数据进行还原。同样，对于个人的重要文件保护，备份也是非常有效的措施。数据备份与数据恢复是保护数据安全的最后手段，也是防止恶意代码攻击信息系统的最后一道防线。

良好的备份策略和行为能有效地减少恶意代码导致的损失，在日常工作中，应关注数据备份工作，根据数据防护要求和业务需要，采取手工操作、脚本执行或利用专业工具的备份方式，并根据自身条件及数据备份的需求，将数据备份在 U 盘、固态硬盘、机械硬盘、光盘、磁带、云盘等备份介质中。

参 考 资 料

[1] 朱胜涛，温哲，位华，等. 注册信息安全专业人员培训教材[M]. 北京：北京师范大学出版社，2019.

[2] 吴世忠，李斌，张晓菲，等. 信息安全保障导论[M]. 北京：机械工业出版社，2015.

[3] 吴世忠，江常青，孙成昊，等. 信息安全保障[M]. 北京：机械工业出版社，2014.

[4] 吴世忠，李斌，张晓菲，等. 信息安全技术[M]. 北京：机械工业出版社，2014.

[5] 雷敏，王剑锋，李凯佳，等. 实用信息安全技术[M]. 北京：国防工业出版社，2014.

[6] 全国信息安全标准化技术委员会. 信息安全技术　信息安全事件分类分级指南：GB/Z 20986—2007[S]. 北京：中国标准出版社，2007：10.

[7] 全国信息安全标准化技术委员会. 信息安全技术　信息安全应急响应计划规范：GB/T 24363—2009[S]. 北京：中国标准出版社，2009：12.

[8] 全国信息安全标准化技术委员会. 信息安全技术　信息系统灾难恢复规范：GB/T 20988—2007[S]. 北京：中国标准出版社，2007：10.

[9] 全国信息安全标准化技术委员会. 信息安全技术　信息安全风险管理指南：GB/Z 24363—2009[S]. 北京：中国标准出版社，2009：12.

[10] 国务院信息化工作办公室. 信息安全技术　信息安全风险评估规范：GB/T 20984—2007[S]. 北京：中国标准出版社，2007：10.

[11] 全国信息安全标准化技术委员会. 信息安全技术　云计算服务安全指南：GB/T 31167—2014[S]. 北京：中国标准出版社，2015：4.

英文缩略语

A

ASME	American Society of Mechanical Engineers	美国机械工程师协会
ASE	Advanced Encryption Standard	高级加密标准
AP	Access Point	接入点
ARP	Address Resolution Protocol	地址解析协议
ANSI	American National Standards Institute	美国国家标准学会

ASME American Society of Mechanical Engineers 美国机械工程师协会
AES Advanced Encryption Standard 高级加密标准
AP Access Point 接入点
ARP Address Resolution Protocol 地址解析协议
ANSI American National Standards Institute 美国国家标准学会

C

CC Common Criteria 通用准则
CNCI Comprehensive National Cybersecurity Initiative 国家网络安全综合计划
CIA Confidentiality, Intergrity and Availability 保密性，完整性和可用性
CA Certificate Authority 证书签发机构
CRL Certificate Revocation List 证书撤销列表
CER Crossover Error Rate 交叉错误率
CCTV Closed Circuit Television 闭路电视监控系统
CSRF Cross Site Request Forgery 跨站请求伪造
COOP Continuity of Operations Plan 运行连续性计划

D

DES Data Encryption Standard 数据加密标准
DAC Discretionary Access Control 自主访问控制
DNS Domain Name System 域名系统
DoS Denial of Service 拒绝服务
DDoS Distributed Denial of Service 分布式拒绝服务
DMZ Demilitarized Zone 非军事区
DoD Department of Defense 政府国防部
DLP Data Leakage Protection 数据防泄露

E

ENIAC Electronic Numerical Integrator And Computer 电子数字积分计算机
EAL Evaluation Assurance Level 评估保证级别

F

FIPS	Federal Information Processing Standards	联邦信息处理标准
FRR	False Rejection Rate	错误拒绝率
FAR	False Acceptance Rate	错误接受率

G

| GP | Generic Practices | 通用实施 |

H

| HTTP | Hypertext Transfer Protocol | 超文本传输协议 |
| HTTPS | Hyper Text Transfer Protocol over Secure Socket Layer | 安全套接字层超文本传输协议 |

I

InfoSec	Information Security	信息安全
ICS	Industrial Control System	工业控制系统
IEC	International Electrotechnical Commission	国际电工委员会
IA	Information Assurance	信息安全保障
IS	Information System	信息系统
IDS	Intrusion Detectiom System	入侵检测系统
IPS	Intrusion Prevention System	入侵防御系统
IDEA	International Data Encryption Algorithm	国际数据加密算法
ITU	International Telecommunications Union	国际电信联盟
IETF	Internet Engineering Task Force	互联网工程任务组
IC Card	Integrated Circuit Card	集成电路卡
IP	Internet Protocol	网际协议
IPSec	Internet Protocol Security	Internet 协议安全性
IMAP	Internet Mail Access Protocol	Internet 邮件访问协议
IM	Instant Messaging	即时通信
ISMS	Information Security Management System	信息安全管理体系
ITSEC	Information Technology Security Evaluation Criteria	信息技术安全评估准则
IEEE	Institute of Electrical and Electronics Engineers	电气与电子工程师协会
ISO	International Organization for Standardization	国际标准化组织
ICS	Insecure Cryptographic Storage	不安全的密码存储

L

| L2TP | Layer 2 Tunneling Protocol | 第二层隧道协议 |

M

| MAC | Media Access Control | 媒体存取控制 |
| MAC | Mandatory Access Control | 强制访问控制 |

N

NSA	National Security Agency	美国国家安全局
NIST	National Institute of Standards and Technology	美国国家标准与技术研究院
NAT	Network Address Translation	网络地址转换

O

| OSI | Open System Interconnection Reference Model | 开放系统互连参考模型 |

P

PM	Project Management	项目管理
PKI	Public Key Infrastructure	公钥基础设施
PMI	Privilege Management Infrastructure	特权管理基础设施
PPTP	Point to Point Tunneling Protocol	点对点隧道协议
PGP	Pretty Good Privacy	优良保密协议
POP3	Post Office Protocol-Version3	邮局协议–版本 3

R

RA	Registration Authority	证书注册机构
RBAC	Role-based Access Control	基于角色的访问控制
RFID	Radio Frequency Identification	射频识别

S

SOC	Security Operations Center	安全管理中心
ST	Service Ticket	服务票据
SSL	Secure Sockets Layer	安全套接层
S/MIME	Secure Multipurpose Internet Mail Extensions	安全/多用途互联网邮件扩展
SNMP	Simple Network Management Protocol	简单网络管理协议
SET	Secure Electronic Transaction	安全电子交易

S-HTTP	Secure Hypertext Transfer Protocol	安全超文本传输协议
SHA	Secure Hash Algorithm	安全哈希算法
SSID	Service Set Identifier	服务集标识符
SID	Security Identifier	安全标识符
SAK	Secure Attention Key	安全注意键
SMTP	Simple Mail Transfer Protocol	简单邮件传输协议
SoA	Statement of Applicability	适用性声明

T

TCSEC	Trustworthy Computer System Assessment Criteria	可信计算机系统评估准则
TDI	Trusted Data-Base Interpret	可信数据库解释
TNI	Trusted Network Interpret	可信网络解释
TCP	Transmission Control Protocol	传输控制协议
TLS	Transport Layer Security	传输层安全

U

UTM	Unified Threat Management	统一威胁管理
UDP	User Datagram Protocol	用户数据报文协议
UID	User ID	用户标识号
URL	Uniform Resource Identifiers	统一资源标识符

V

VLAN	Virtual Local Area Network	虚拟局域网
VPN	Virtual Private Network	虚拟专用网

W

WAN	Wide Area Network	广域网
WLAN	Wireless Local Area Networks	无线局域网
WEP	Wired Equivalent Privacy	有线等效保密协议
WAPI	WLAN Authentication and Privacy Infrastructure	无线鉴别和保密基础结构
WAI	WLAN Authentication Infrastructure	无线局域网认证基础结构
WPI	WLAN Privacy Infrastructure	无线局域网保密基础结构
WAF	Web Application Firewall	Web 应用防火墙